RAPPORT

SUR

LE DAGUERRÉOTYPE.

RAPPORT

SUR

LE DAGUERRÉOTYPE

LU A L'ACADÉMIE ROYALE DES SCIENCES DE NAPLES,

Dans la séance du 12 novembre 1839,

PAR M. MACÉDOINE MELLONI,

Un des 40 de la Société italienne des Sciences, Associé correspondant des Académies royales des Sciences de Naples et de Turin, de l'Institut de France, de l'Académie impériale de Russie, de l'Académie royale de Berlin, de la Société philomathique de Paris, de la Société de physique et d'histoire naturelle de Genève, etc

TRADUCTION

DE MM. *** ET AL. DONNÉ,

REVUE PAR M LIBRI,

MEMBRE DE L'INSTITUT,

Avec des Notes de MM Dumas, Libri, baron Séguier, membres de l'Institut, et de M. Hubert,

Accompagnée de la description du procédé de gravure des images photogéniques de M. Al. Donné.

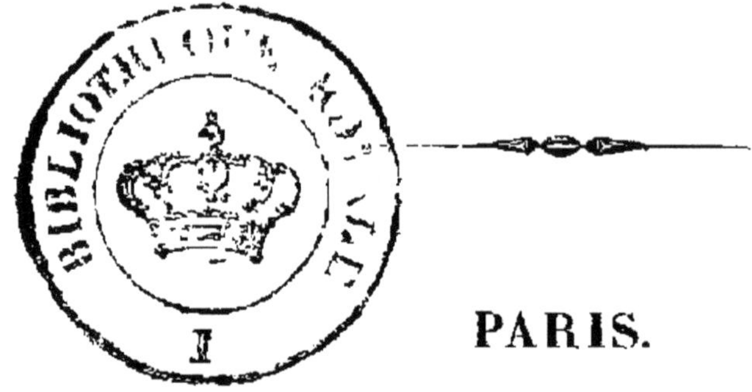

PARIS.

Vᵉ LE NORMANT, LIBRAIRE, RUE DE SEINE, 8;

SOLEIL, OPTICIEN, RUE DE L'ODÉON, 35;

ET LES PRINCIPAUX OPTICIENS.

1840

AVERTISSEMENT.

Nous croyons rendre un véritable service aux amateurs du daguerréotype, si nombreux et si répandus aujourd'hui en France et dans tous les pays où sont cultivés les arts et les sciences, en publiant en français le rapport fait sur ce sujet par l'un des physiciens les plus célèbres de l'Europe. Cette appréciation des procédés photogéniques, et les considérations qui se rattachent à ces curieuses expériences, de la part d'un savant éloigné de ce qui aurait pu influencer son jugement sur le lieu même de la découverte, et surtout les développemens scientifiques dans lesquels il est entré, les rapprochemens qu'il a établis entre les phénomènes photogéniques et les théories optiques, donnent au travail de M. Melloni un intérêt particulier et une véritable importance. Que l'on adopte ou non ses opinions et les déductions qu'il tire de ses expériences, le rapport présenté à l'Académie des Sciences de Naples par l'illustre auteur des belles découvertes sur la *chaleur rayonnante* est une pièce qui doit être recueillie avec soin et prendre place au premier rang dans l'histoire de la merveilleuse invention dont on s'occupe encore en ce moment d'un bout du monde à l'au tre. Ce Mémoire, accompagné des Notes de MM. Libri, Dumas, Séguier, membres de l'Institut, de M. Hubert, amateur très-distingué, dont on a admiré les magnifiques épreuves, et de la description de notre procédé de gravure, formera un manuel complet à l'usage des expérimentateurs et des amateurs des productions photogéniques

« Le but principal de ce rapport, ainsi que le dit M. Melloni dans sa lettre d'envoi, a été de répandre parmi les artistes les notions scientifiques indispensables pour employer le daguerréotype avec intelligence; on y trouve en effet d'assez longs développemens sur l'analyse du spectre solaire; j'y décris les expériences qui prouvent une certaine indépendance des trois sortes d'action que l'on distingue dans le rayonnement du soleil, etc.; enfin j'ai fait tout ce que j'ai pu pour rendre ce discours utile aux gens du monde. » C'est, du reste, pour nous une grande satisfaction que de voir adopter par une aussi grande autorité que M. Melloni la théorie que nous avons donnée des opérations du daguerréotype, et de recevoir ses félicitations pour notre procédé de gravure, auquel il accorde des éloges que nous nous abstiendrons de reproduire ici.

AL. D.

RAPPORT

SUR LE

DAGUERRÉOTYPE,

PAR M. M. MELLONI.

TRÈS-CHERS COLLÈGUES,

Dans une des dernières séances, M. le président m'avait remis un journal de France, contenant une relation de M. Arago sur la merveilleuse découverte de M. Daguerre, qui vient d'exciter une si grande rumeur dans tout le monde civilisé, et au moyen de laquelle on peut obtenir en clair-obscur, et conserver d'une manière stable sur certaines plaqués métalliques, les images de paysages, de statues, de monumens et d'autres objets immobiles, à l'aide de la simple action de la lumière; M. le président m'invitait à donner à l'Académie un extrait de cette relation.

Cette relation, écrite de main de maître, comme toutes les productions du célèbre physicien français, était adressée à ses collègues de la Chambre des Députés, et avait pour but de leur faire approuver un projet du gouvernement, proposant également, d'après les conseils de M. Arago, une pension annuelle de dix mille francs à partager entre M. Daguerre et le fils de son collaborateur M. Niepce, sous la condition que le procédé par lequel on obtenait ces dessins fût rendu public.

En acceptant avec respect, comme je le devais, la charge que M. le président me confiait, je me permis de lui faire observer qu'au lieu de communiquer à l'Académie une simple description des productions daguerriennes, il conviendrait beaucoup mieux d'attendre la publication, maintenant certaine, du secret, afin d'instruire en même temps l'Académie et de l'effet artistique de cette prodigieuse découverte, et de tout ce qui regarde sa partie historique et scientifique; mon observation a été écoutée et approuvée avec bienveillance.

A peine quelques semaines étaient-elles passées, que déjà le projet ministériel, adopté par les deux Chambres, imposait à M. Daguerre le devoir de révéler à la France et au monde entier son mystérieux procédé, ce qu'il accomplit de la manière la plus satisfaisante, donnant communication complète de la méthode à une commission de l'Institut, qui en a fait un rapport minutieux par la bouche de M. Arago, dans une assemblée solennelle de cet illustre corps académique.

Ce second rapport a été imprimé dans les principales feuilles de France et traduit dans presque tous les journaux étrangers. Non content d'une si grande publicité, M. Daguerre a consacré plusieurs séances à répandre la pratique de sa méthode, en opérant devant un nombreux auditoire et montrant scrupuleusement les procédés à suivre et les moindres précautions à prendre; il a imprimé aussi un opuscule sur cette matière, et décidé quelques spéculateurs à réunir en un seul corps les objets et les substances nécessaires à l'opération; et aujourd'hui on trouve chez les principaux opticiens de Paris, et déjà même répandus par toute l'Europe, ces appareils connus sous le nom de *daguerréotypes*. J'aurais voulu satisfaire promptement au devoir dont je m'étais chargé, mais la saison avancée ne me laissant pas la possibilité de rendre compte à l'Académie de ces faits avant le temps des vacances, je me suis vu obligé de suspendre ma communication jusqu'à la reprise de nos séances.

Cependant le nouvel art faisait des progrès rapides. M. Daguerre était parvenu par une rare constance et une sagacité incomparable, je dirais presque instinctive, à la découverte de sa méthode photogénique; il ignorait cependant la nature intrinsèque des actions produites successivement sur les plaques métalliques, et les dessins qu'il obtenait, d'une précision et d'une délicatesse vraiment exquises, étaient d'une telle susceptibilité, qu'ils s'altéraient au plus léger toucher; en sorte qu'il fallait les tenir continuellement renfermés sous verre pour les conserver.

Maintenant le docteur Donné a fourni une explication du procédé daguerrien, fortifiée par des expériences satisfaisantes, et ce qui importe beaucoup plus encore, il est parvenu, durant la série de ses investigations théoriques, non-seulement à fixer d'une manière stable sur le métal les impressions si mobiles du daguerréotype, mais à les y graver à l'aide de quelques substances qui, probablement, corrodent la plaque de métal lorsqu'elles sont réduites à l'état de vapeur; de sorte que maintenant on peut produire sur le métal, par la seule action de la lumière et de quelque agent chimique, sans aucun secours tiré des arts du dessin, des creux plus ou moins larges et profonds, tout à fait analogues au résultat de la gravure ordinaire, et en tirer ensuite plusieurs épreuves sur papier.

Le procédé du docteur Donné n'est pas encore connu, mais les résultats en sont très-certains, comme le prouvent les notices publiées dans les journaux, les lettres et les attestations de personnes probes et instruites, qui assurent avoir vu de leurs propres yeux les essais de ces gravures présentés à l'Institut de France et actuellement soumis à l'examen d'une commission spéciale.

Ce préambule était indispensable pour nous justifier du délai que nous avons dû nécessairement mettre à la présentation de ce rapport, et pour montrer qu'un tel retard, loin d'avoir été nuisible au but que l'on se proposait, nous a ouvert au contraire un champ plus vaste et toujours plus digne de votre attention. Le daguerréotype, joint à la méthode typographique du docteur Donné, doit évidemment se répandre parmi toutes les classes de savans et jusque parmi les personnes ignorant même les premiers élémens de physique; ce précieux appareil exigerait donc une description simple et claire qui en présentât l'histoire, la théorie et l'usage d'une manière intelligible à tous; nous l'avons essayé : agréez au moins l'intention, mes chers collègues, et veuillez vous souvenir que nous ne nous sommes pas jetés de nous-mêmes dans une entreprise au-dessus de nos forces, mais que le devoir nous obligeait à nous en charger.

Que l'on produise la plus grande obscurité possible dans une chambre, en en fermant exactement toutes les ouvertures, et qu'on y laisse ensuite pénétrer la lumière par un simple petit trou pratiqué dans une mince paroi, condition facile à remplir, en enlevant une portion du volet de la fenêtre et y substituant une plaque métallique trouée; si l'ouverture regarde vers la rue ou le jardin, on verra se peindre aussitôt sur la paroi opposée et sur la portion adjacente du plafond, les images des maisons, des arbres, des passans et de tous les objets extérieurs, dont les rayons radiateurs parviennent librement sur le trou; ces images, dont les dimensions sont plus ou moins grandes suivant la distance des parois,

représentent exactement les corps dans leurs contours, leurs ombres, leurs couleurs, et dans
leurs effets de perspective ; mais leur intensité
est extrêmement faible, et cette imperfection est
facile à faire disparaître, en augmentant la grandeur du trou jusqu'à trois ou quatre pouces et
y adaptant une lentille bi-convexe qui le ferme
exactement. Plaçant alors dans le voisinage du
trou une plaque de verre demi-diaphane et uniformément dépolie sur une de ses faces au moyen
de l'émeri, et l'éloignant graduellement de manière à la tenir toujours verticale et parallèle à
sa première position, on trouvera un certain
point appelé par les physiciens distance focale,
où les images prendront leur plus haut degré de
clarté et de précision. Supposons maintenant la
lentille fixée à l'extrémité d'un tube allant en s'é-
largissant un peu du côté opposé, et fermé à la
distance focale par un verre dépoli, et nous
aurons une idée exacte de la chambre obscure
inventée par G.-B. Porta, célèbre mathématicien
et physicien napolitain qui florissait vers le milieu du dix-septième siècle [1].

<hr>

[1] Ce qu'on dit ici relativement à Porta ne me semble pas exact,
et je crains que l'illustre auteur de ce *Rapport* n'ait été induit en
erreur par M. Arago, dont les assertions en matière d'histoire

Diverses modifications ont été successivement apportées à la chambre obscure de Porta ; quelques-unes tendaient à redresser les vues qui, dans la disposition originale, se peignent ren-

scientifique ont toujours un grand poids, et qui cependant paraît s'être trompé en cette occasion En effet, au commencement de son Rapport sur le daguerréotype, rapport qu'il a présenté à la Chambre des Députés et à l'Institut, M Arago s'exprime de la manière suivante * :

« Un physicien napolitain, *Jean-Baptiste Porta*, reconnut, il y « a environ deux siècles, que si l'on perce *un très-petit trou* dans « le volet d'une chambre bien close, ou, mieux encore, dans une « plaque métallique mince appliquée à ce volet, tous les objets ex- « térieurs dont les rayons peuvent atteindre le trou, vont se pein- « dre sur le mur de la chambre qui lui fait face, avec des dimen- « sions réduites ou agrandies suivant les distances, avec des formes « et des situations relatives exactes, du moins dans une grande « étendue du tableau, avec les couleurs naturelles. »

Porta est mort en 1615, et l'on trouve dans ses ouvrages la preuve qu'il était né en 1538 ; on ne saurait donc regarder que comme une inadvertance cette assertion de M. Arago, que le physicien napolitain eût *reconnu il y a environ deux siècles* le fait dont il s'agit, puisque cet auteur est mort depuis deux cent vingt-cinq ans, et que ce fait est déjà indiqué dans une édition de la *Magie naturelle* de Porta **, publiée en 1558, qui est la plus ancienne que j'aie pu consulter. C'est probablement par suite de cette inadvertance de M. Arago, que M. Melloni a avancé que *Porta florissait vers le milieu du dix-septième siècle.*

Cette note n'a pas seulement pour objet la rectification de cette date ; ce que j'ai voulu surtout faire remarquer, c'est que l'observation dont il est question ici n'est pas de Porta, auquel M Arago l'a attribuée, en suivant, un peu trop facilement peut-être, la

---

* Voyez les *Comptes-Rendus de l'Académie des Sciences*, séance du 19 août 1839, p 250-251.

** *Porta, Magia naturalis*, Neapoli, 1558, in-fol, p 135

versées; dans le but que nous nous proposons, il est inutile de les examiner. D'autres avaient pour objet de rendre les images toujours plus distinctes et plus précises, et l'on sait que le foyer ou distance focale est ce lieu de l'espace où tous les rayons lancés de chaque point de l'objet lumineux sur toute l'étendue de la lentille se réunissent au delà, en vertu des réfractions éprouvées dans leur double passage de l'air au verre, *et vice versâ.*

croyance vulgaire. Il y a plus de quarante ans que Venturi * avait dit que le fait attribué à Porta se trouvait déjà dans les manuscrits autographes de Léonard de Vinci, peintre et philosophe célèbre, mort à Amboise en 1519. Cependant on ne saurait affirmer que cette observation appartienne primitivement au grand artiste toscan; car dans un ancien commentaire sur Vitruve, dû à César Cæsariano, et fort connu des personnes qui s'occupent des origines de l'archi tecture gothique, on trouve le fait attribué par M. Arago à Porta, et Cæsariano ajoute ** qu'un moine bénédictin appelé *Gupnutio* est le premier qui a découvert ce fait. L'ouvrage de Cæsariano a été publié en 1521. Il y a donc lieu à rectifier les assertions de M. Arago, relatives à l'époque où vivait Porta et à l'invention de la chambre obscure. Si j'ai cru devoir les signaler ici, c'est que ces assertions, avancées dans des circonstances si solennelles par un homme d'un tel mérite, étaient capables d'induire en erreur les savans les plus distingués.

G. LIBRI.

* Venturi, *Essai sur les ouvrages de Léonard de Vinci*, Paris, 1797, in-4°, p. 23

** *Vitruvio de Architectura Libri Dece traducti de latino in vulgare, affigurati commentati*, etc. (da Cæsare Cæsariano) Como, 1521, in-fol., lib. I, c. 6, f. xxiii

Or un point de quelque corps que ce soit, blanc ou coloré, envoie des rayons de nature diverse, et chacun d'eux se plie ou se réfracte de différente manière ; il en résulte que le foyer ne pourra être pour tous situé à la même distance, mais plus ou moins éloigné selon leur plus ou moins grande réfrangibilité ; en sorte qu'il existe une déconcentration ou aberration, comme disent les physiciens, la distance focale demeurant incertaine et l'image comme bordée de raies colorées ; une seconde cause de la dispersion focale provient de la forme sphérique des lentilles, lesquelles, pour concentrer parfaitement dans le foyer la masse de lumière provenant de chaque point des corps, devraient avoir des dimensions extrêmement petites, par rapport au rayon de courbure ; et chacun voit que l'on ne pourrait réduire excessivement l'ampleur de la lentille qu'aux dépens de l'intensité des images. Heureusement cette dispersion est assez faible pour laisser l'image suffisamment éclairée et distincte dans les circonstances d'amplitude et de foyer relatives aux lentilles que l'on emploie dans la construction de la chambre obscure. Une cause beaucoup plus énergique de confusion dans certains points de l'image dépend de la forme de la surface où elle va se peindre; car les objets éloignés étant tous sensiblement doués de la même distance focale, et cette distance devant toujours être prise en partant du centre optique de la lentille, les points latéraux forment leurs foyers d'autant plus vite, relativement au plan du tableau, qu'ils sont plus éloignés de l'axe : de manière qu'avec les formes ordinaires des lentilles, le dessin ne pourrait être bien net dans toutes ses parties, que si la surface destinée à le recevoir était une surface à peu près sphérique avec la concavité tournée vers la lentille. La déconcentration provenant de l'absence d'une telle disposition, et celle qui dépend de la différente réfraction des rayons lumineux, sont les causes qui agissent avec le plus d'énergie pour troubler la netteté des images. Mais la science théorique-pratique a démontré, à une époque encore peu éloignée, comment on peut remédier à ces deux aberrations de *réfrangibilité et de sphéricité*, en composant la lentille de deux qualités de verre différentes et en donnant à sa surface extérieure une forme concave d'une courbure donnée; ces lentilles s'appellent achromatiques et périscopiques. C'est quelque chose de véritablement admirable que la pureté des images que l'on obtient par l'application de ces lentilles à la chambre obscure, et il suffit de contempler un seul instant ces gracieux fantômes, pour sentir naître en soi un vif désir de les fixer et de les rendre ainsi utiles à l'art et à la science ; toutefois, quoique dès le premier moment où l'on fut parvenu à les produire par le procédé de Porta, on ait cherché à les dessiner sur le papier, ce moyen n'amena que peu ou point de résultat ; quelques peintres s'en sont servis, il est vrai, pour ébaucher les masses principales de certains points de vue et en dessiner les principales parties dans leurs proportions exactes ; mais il était nécessaire ensuite de finir ces tableaux par l'art ordinaire du dessin ; il est, en effet, presque impossible de suivre avec exactitude l'extrême précision des contours et surtout d'en rendre les détails minutieux sans nuire considérablement à l'effet de perspective. Qui aurait cru, il y a peu de mois, que la lumière, être pénétrable, intangible, impondérable, privée en somme de toutes les propriétés de la matière, se serait chargée du rôle de peintre, dessinant par elle-même, et avec le talent le plus exquis, ces images éthérées, qu'auparavant elle peignait d'une manière si fugitive dans la chambre obscure et que l'art s'efforçait en vain d'arrêter? et cependant ce miracle s'est complétement opéré entre les mains de Daguerre.

On connaissait depuis très-longtemps une substance blanche, ne se colorant pas dans un lieu complétement obscur et devenant noire lorsqu'elle est exposée à l'action de la lumière; le changement n'est pas instantané, mais graduel, et ainsi proportionnel au temps et à l'énergie de la radiation lumineuse; en conséquence, lorsque quelques parties d'une feuille de papier recouverte de cette substance sont frappées d'ombres plus ou moins prononcées et que d'autres reçoivent l'action d'une lumière plus ou moins vive, on trouve, après un certain intervalle de temps, la superficie de la feuille couverte de taches d'une intensité diverse, les plus noires correspondant aux points qui ont reçu la plus forte impression lumineuse; ce réactif ou indicateur des émanations lumineuses se compose de deux corps simples, l'argent et le chlore un des principes constituant du sel commun. Les alchimistes ont découvert ce corps vers le milieu du seizième siècle, et l'ont appelé *lune* ou *argent corné;* maintenant il est connu sous la dénomination plus rationnelle de chlorure d'argent.

Les images des objets produites par les lentilles,

résultant de l'ensemble d'ombres et de teintes plus ou moins sombres ou vives, le chlorure d'argent répandu sur une surface donnée, placée au foyer d'une chambre obscure, devra recevoir dans ses diverses parties des atteintes différentes, d'où résultera un dessin ombré du corps dont l'image se peint au fond de l'appareil ; cette conséquence si simple et si naturelle ne paraît pas s'être présentée à l'esprit très-perspicace de Porta, qui devait certainement connaître les propriétés optiques du chlorure d'argent découvert avant lui ; elle est restée également négligée ou inaperçue pendant cent cinquante ans après lui, et n'a été prise en considération que vers le commencement de notre siècle, par les travaux de Wedgwood ; mais les expériences dirigées vers cet objet par ce chimiste, auquel les arts céramiques sont si redevables, sont restées à peu près infructueuses ; il en est arrivé de même des essais faits quelques années depuis par le célèbre Humphry Davy ; si bien que, malgré les tentatives de ces deux illustres philosophes, tout ce à quoi l'on pouvait arriver relativement au moyen de dessiner par la lumière, consistait en des ébauches informes et très-fugitives, comme nous allons le voir tout à l'heure ; enfin parut celui qui devait tirer du berceau l'art photogénique et le mettre en état d'arriver en peu d'années à toute sa perfection.

Niepce, propriétaire et habitant un village dans les environs de Châlons-sur-Saône, commença ses recherches sur la photographie en 1814, et les continua avec la plus grande ardeur pendant tout le reste de sa vie, qui finit vers le milieu de l'année 1833.

L'application du chlorure d'argent à l'art photogénique présentait deux très-grands inconvéniens; comme les parties frappées par la lumière noircissent, et que celles qui sont plongées dans une plus ou moins grande obscurité restent blanches, les lumières et les ombres de la copie se trouvent dans un sens inverse de l'original; par la même cause, quand on couvre un papier imprégné de chlorure d'argent d'une gravure ou d'un dessin quelconque, et qu'on expose la double feuille à la lumière directe du soleil, de manière à ce que les rayons frappent d'abord sur le dessin, on voit brunir les portions situées derrière les parties claires, ces portions recevant par transmission la plus grande quantité de lumière, tandis que les parties correspondant aux points obscurs, se trouvant plus ou moins soustraites à la radiation solaire par la couche d'encre ou de crayon, restent d'autant plus blanches que la densité de la matière superposée est plus forte, c'est-à-dire en proportion de la plus grande intensité de l'ombre. Maintenant chacun comprend qu'un tel renversement du clair-obscur doit, dans bien des cas, diminuer et quelquefois détruire tout à fait la vérité de la copie, surtout les effets de perspective; en outre, les impressions une fois produites, il n'est plus permis de les contempler à la lumière du jour, et il est nécessaire de les tenir toujours dans un lieu parfaitement obscur; autrement la moindre action de la lumière diurne, directe ou diffuse, rendrait en peu de temps également noires les diverses parties de la feuille, et ferait ainsi complétement disparaître la moindre trace de figure.

Les dessins obtenus avec le chlorure d'argent, déjà difformes par l'inversion des clairs et des ombres, sont donc en outre très-délicats et très-fugitifs, comme nous le disions plus haut, et à peine peut-on les examiner de nuit à la lumière d'une lampe.

Persuadé que ces deux inconvéniens, et surtout le premier, présentaient un obstacle insurmontable, Niepce se mit à chercher de nouvelles sub-

stances avec lesquelles on pût produire définitivement sur la copie les clairs et les noirs correspondant aux lumières et aux ombres de l'original,
et après une longue série de recherches, il par-
vint finalement au but de la manière suivante :
On prend une plaque de cuivre légèrement doublée
d'argent, parfaitement pur et poli; on étend à la
surface de l'argent une légère couche de bitume
de Judée, bien pur et bien sec, dissous dans
l'huile de lavande; on dispose la plaque ainsi préparée sur le dessin, et après l'avoir laissée dans cet
état exposée pendant quelque temps à l'action de
la lumière solaire, on enléve le dessin et on met
la plaque dans l'huile de pétrole où elle reste
plongée pendant quelques minutes; on la retire
ensuite et on la lave une ou deux fois dans l'eau;
on voit alors la copie du dessin très-distinctement
imprimée sur la plaque avec les lumières et les
ombres parfaitement correspondantes à celles de
l'original, et imprimée de manière à défier ensuite
l'action ultérieure de la lumière, sans danger d'en
être effacée. Ce qu'il y a de plus singulier dans ce
procédé, c'est que l'on n'aperçoit pas la moindre
trace de dessin après l'exposition de la plaque à
l'action des rayons solaires; l'image existe donc
dans un état latent sur le tableau, jusqu'à ce que

l'influence du pétrole la rende visible; selon toute probabilité, ce liquide décompose et dissout le bitume avec plus ou moins de facilité, suivant qu'il a été exposé à une lumière plus ou moins forte, et par conséquent la production de l'image serait le résultat du contraste entre les portions corrodées et celles demeurant intactes.

Quelle que soit la nature des actions produites successivement sur la couche de bitume dont on a enduit la surface de la plaque, il est certain que Niepce a résolu le premier les deux grands problèmes d'éclairer les dessins photogéniques dans le sens convenable et de les rendre ensuite insensibles à l'action de la lumière; sa préparation a donné les meilleurs résultats, lorsqu'elle a été appliquée à la copie des estampes, des aquarelles et de toute autre espèce de dessins sur papier, sous l'influence de la radiation directe du soleil, comme il résulte évidemment d'un mémoire et de quelques documens présentés par lui à la société royale de Londres, au mois de décembre 1829; mais lorsqu'il s'agit de la chambre obscure, il ne tarda pas à s'apercevoir que son réactif n'était pas suffisamment sensible à la faible énergie des rayons qui produisent l'image au moyen des lentilles; en effet, dix ou douze heures au moins sont nécessaires pour obtenir l'impression de ces images sur les plaques préparées par Niepce; or chacun voit que durant un si long espace de temps, les ombres des objets changent notablement de place, d'où il résulte que les tons clairs venant à se superposer aux tons obscurs dans tous les points de la plaque, il en doit résulter un dessin confus. Il est vrai que l'on pourrait cesser l'opération après un certain temps et la répéter plusieurs jours de suite à la même heure, mais la moindre petite nuée, le plus léger voile de vapeurs donnent des différences sensibles dans les rapports des teintes dont l'ensemble forme l'aspect des corps; et si l'on cherchait les seules journées parfaitement pures et sereines, il faudrait quelquefois consacrer plusieurs semaines à l'ouvrage, de telle sorte que la position du soleil à cette heure donnée du jour se trouvant trop changée dans l'intervalle, la reproduction des mêmes circonstances deviendrait impossible. En outre, l'opération restait souvent incomplète ou manquait tout à fait par des causes dont Niepce ne put jamais se rendre raison; finalement la couche bitumineuse était sujette à s'altérer un peu par les variations de température et se soulevant plus ou moins en une infinité de petites écailles, elle altérait les dessins obtenus et les rendait d'une difficile conservation.

Niepce songeait aux moyens par lesquels on pouvait obvier à ces divers inconvéniens, quand il apprit que Daguerre, déjà connu en France et à l'étranger par son talent supérieur dans l'art de peindre les décorations de théâtre et par l'invention du Diorama, s'était occupé lui aussi de recherches photogéniques; les deux habiles expérimentateurs eurent bientôt fait connaissance, et ayant lié entre eux d'étroites relations d'amitié, ils se décidèrent à poursuivre ensemble leur travail, sous la condition de partager également, tant la fatigue et la dépense que le profit qu'on pourrait tirer de l'heureux succès de leurs investigations; l'époque à laquelle ils ont pris de commun accord cette résolution est le 14 décembre 1829; Niepce est mort peu d'années après, et Daguerre, religieux observateur de sa parole, admit comme associé de ses travaux photographiques Isidore Niepce, fils et successeur du défunt; mais ce second contrat ne portait que sur les intérêts, et depuis lors M. Daguerre a marché seul dans la glorieuse voie des découvertes; cela résulte évidemment de l'acte légal stipulé postérieurement entre les deux nouveaux associés à l'entreprise, où il est dit : 1º que Daguerre avait notablement perfectionné le procédé de Niepce père ; 2º qu'il avait réussi à découvrir une nouvelle méthode au moyen de laquelle on obtenait les images des objets soixante ou quatre-vingts fois plus vite qu'auparavant. Les choses dont nous devons maintenant parler doivent donc regarder entièrement les progrès que l'art photographique faisait entre les mains du célèbre peintre français. Nous ne perdrons pas le temps à exposer les nombreux essais tentés pendant près de dix ans, la constance et la fermeté de l'expérimentateur, ses pensées ingénieuses, les heureuses découvertes et les améliorations successives, mais nous passerons sans autre préambule à vous soumettre la méthode perfectionnée que l'inventeur emploie présentement.

Le fond du tableau qui doit recevoir l'image de la chambre obscure est toujours l'argent fortement uni au cuivre par la pression du laminoir; on commence donc par prendre une de ces plaques doublées, dont les diverses parties, sans aucune inégalité et parfaitement planes, soient bien polies et brunies; et comme le brillant de l'argent s'altère toujours un peu par l'exposition à l'air, il convient de le raviver au moment de l'opération à l'aide de tampons de coton trempés dans

un mélange d'huile d'olive et de poudre très-fine
de pierre ponce ou de tripoli ; on emploie ensuite
ces tampons secs et légèrement saupoudrés des
mêmes poudres ; le frottement doit être effectué
d'abord circulairement, et ensuite en direction
rectiligne et transversale; cette espèce de polissage
terminé, la lame est fortement chauffée du côté
du cuivre à la flamme d'une lampe à l'alcool, et
ensuite mise en contact avec une table de marbre
qui en abaisse promptement la température; on
recommence alors à la polir de nouveau avec le
coton et l'acide nitrique étendu de seize parties
d'eau ; ce dernier frottement a pour objet d'enlever le peu de particules de cuivre, de fer ou de
matières végétales qui pourraient rester encore
adhérentes à la superficie de l'argent ; la plaque,
ainsi débarrassée de toute substance hétérogène
et parfaitement polie, reçoit un encadrement de
bandes métalliques et elle est ensuite introduite,
le côté de l'argent en dessous dans une petite
cassette de bois au fond de laquelle on a mis un
peu d'iode et placé à une certaine distance, un
voile très-fin qui en embrasse toute l'étendue
comme une sorte de diaphragme.

Les fenêtres de l'appartement où l'on opère
étant fermées, on abandonne l'expérience à elle-

même; l'iode, réduit en vapeur par la chaleur naturelle répandue dans l'air ambiant, traverse le voile, se met en contact avec la plaque et s'y attache en grande partie par son affinité pour le métal qui l'absorbe et le convertit en une couche solide, dont l'épaisseur, tout à fait insensible à l'œil, devient graduellement plus grande; l'opération doit être suspendue après quinze ou vingt minutes, ou plus exactement quand l'argent prend une teinte jaunâtre entièrement analogue à celle de l'or; et alors, selon les calculs de Dumas, l'épaisseur de la matière superposée à l'argent arrive à peine à un millionième de millimètre.

La plaque étant retirée, on la fait passer dans un second récipient, inaccessible à la moindre lumière, et ensuite on l'introduit dans la chambre obscure, en la substituant au verre dépoli que l'on a eu soin de placer d'abord exactement au foyer, à l'aide d'un certain mécanisme qui l'approche plus ou moins de la lentille, jusqu'à ce que l'on voie parfaitement distincte l'image de l'objet. Ici la durée de l'opération ne peut se déterminer exactement, cela dépendant de la latitude, de la hauteur du soleil et de la transparence de l'air; à Paris, il convient de laisser la plaque exposée à l'influence de l'image lumineuse quinze ou vingt minutes en hiver, et cinq ou six en été; dans les pays plus méridionaux, et sous un ciel plus clair et plus pur, ces intervalles de temps devront être probablement moindres. Dans tout pays, quelques expériences préliminaires seront donc indispensables, elles ne présenteront toutefois aucune difficulté et pourront s'effectuer facilement, même entre les mains des personnes les plus ignorantes de l'art expérimental.

On retire la plaque de la chambre obscure, bien enfermée dans une sorte d'étui imperméable à la lumière et dont on s'était servi pour l'y introduire, et on la replace sous une inclinaison de 45 degrés dans un troisième récipient, dont le fond est muni d'une capsule contenant un thermomètre à tige sortant de la boîte, et un kilog. environ de mercure; jusqu'ici on n'aperçoit pas la moindre trace de dessin, la superficie de la plaque est encore recouverte sur tous ses points d'une couche uniforme de la même couleur; mais si l'on fait chauffer le mercure jusqu'à 6o degrés, à la flamme d'une lampe à alcool ou de toute autre manière, la vapeur métallique, développée en vertu de la chaleur, s'élève, touche la plaque, et l'on voit paraître au milieu d'un champ jaune quelques teintes blanchâtres qui forment progressivement, et comme par enchantement, la copie exacte de l'image observée auparavant dans la chambre obscure. En quelques minutes, cette prodigieuse influence de la vapeur mercurielle arrive à son plus grand effet; on ôte la plaque du récipient, et on la plonge d'abord dans une solution chaude de sel marin, ou froide d'hyposulfite de soude, puis enfin dans l'eau distillée, à la température de 5o ou 6o degrés. Toute trace de jaune disparaît, et il reste un dessin en clair-obscur, délicat et très-gracieux, capable de supporter l'action de la plus vive lumière sans subir la moindre altération.

En présence d'une série d'opérations si originales et liées par des nœuds si étrangers à toute induction méthodique, la science est restée pendant quelque temps étonnée et silencieuse; mais les recherches expérimentales du docteur Donné ont fourni enfin les élémens nécessaires à une claire intelligence des actions que la vapeur d'iode, la lumière, la vapeur mercurielle, l'hyposulfite de soude et l'eau, exercent successivement sur la plaque métallique.

En premier lieu, il est facile de s'assurer que

la couche superficielle de matière jaune, formée par l'exposition de la plaque à la vapeur d'iode, résulte d'une combinaison de cette substance avec l'argent, et non pas d'un simple dépôt et d'une simple condensation de la vapeur sur la surface métallique. En effet, qu'on mette dans une cornue de grès ou de porcelaine à long col une certaine quantité d'iode, qu'on en bouche ensuite hermétiquement l'ouverture, et qu'après avoir légerement chauffé le fond on la laisse refroidir : en brisant la cornue vers sa partie supérieure, on trouvera toutes les parties du col chargées de petites et brillantes cristallisations d'iode ; que l'on place les morceaux brisés près du feu, et peu d'instans suffiront pour faire évaporer la plus petite particule de ce corps ; l'iode est donc une substance extrêmement volatile et d'une cristallisation très-facile, c'est-à-dire une substance qui, à peine échauffée, se réduit en vapeurs, qui se déposent ensuite sous des formes régulières et cristallines sur les corps voisins, au moindre abaissement de température ; or, examinant au microscope la surface de la couche jaunâtre qui couvre les plaques préparées de Daguerre, on n'y découvre pas le moindre indice de cristaux ; de plus, la couche tenue dans l'obscurité se conserve intacte sur les plaques, malgré leur exposition à une haute température; la substance qui la compose n'est donc pas l'iode solidifié et mécaniquement déposé sur le métal, mais bien le produit de son union chimique avec l'argent; on sait en effet que l'iodure et le chlorure d'argent ont très-peu de tendance à la cristallisation et à la volatilisation.

La nature de la couche recouvrant la plaque une fois trouvée, voyons de quelle manière la lumière doit la modifier dans les expériences du daguerréotype.

L'iode est un corps simple ou indécomposé, qui, dans ses propriétés chimiques, a la plus grande analogie avec le chlore; or l'analyse a démontré que le chlorure d'argent se décompose sous l'action de la lumière, en perdant une portion du chlore; c'est pourquoi le résidu se trouve composé d'un mélange de chlorure - et d'argent en poudre très-fine; une décomposition entièrement analogue devrait donc s'effectuer dans la couche d'iodure, sous l'influence des rayons lumineux formant l'image de la chambre obscure; en conséquence, la couche jaunâtre perdrait plus ou moins de sa consistance naturelle, selon que la lumière frappe avec une intensité diverse. Et cela est pleinement justifié par l'expérience, puisque, lorsqu'on roule autour de la moitié d'une plaque daguerrienne plusieurs doubles d'une étoffe, qu'on l'expose ensuite pendant quelques minutes au soleil, et qu'on enlève enfin son enveloppe dans l'obscurité, toute la portion de la couche jaune qui n'a pas été couverte est peu adhérente et se détache facilement par le frottement du doigt, tandis que la partie soustraite par l'enveloppe à l'action des rayons lumineux ne cède pas et persiste.

Maintenant comment se comporte la couche déjà soumise à l'action de la chambre obscure, lorsqu'elle se trouve en contact avec la vapeur mercurielle ?

Chacun sait que l'argent est très-avide de mercure; l'attraction ou affinité chimique des deux substances se manifeste donc à travers la couche très-mince d'iodure, et celle-ci opposera une résistance plus ou moins efficace à la réunion des deux métaux, selon que sa cohésion aura éprouvé un ébranlement plus ou moins fort par l'action décomposante des rayons lumineux; donc le mercure traversera en plus grande quantité la couche d'iodure dans les points sur lesquels frappaient d'abord les teintes plus claires de l'image, et s'unira aussitôt avec l'argent placé au-dessous ; une portion moindre parviendra sur la plaque dans les lieux correspondant aux demi-teintes, et là où s'étendaient les ombres prononcées, l'adhérence et la cohésion de la couche demeurant intactes, la vapeur métallique ne pourra se faire passage et la surface de l'argent ne recevra pas un seul atome de mercure.

Reste à expliquer les effets des immersions dans la solution d'hyposulfite de soude et dans l'eau distillée, qui ne présentent à la vérité aucune difficulté à concevoir, la grande solubilité des sulfite et hyposulfite dans l'eau, et les doubles décompositions des iodures par les solutions des sulfites étant parfaitement connues ; c'est pourquoi, pour rendre raison en peu de paroles de la manière dont les deux immersions agissent sur la plaque daguerrienne, on dira que le premier liquide dissout et enlève entièrement la couche déjà plus ou moins ébranlée d'iodure, et le second enlève les moindres particules de sulfite qui pourraient rester adhérentes à la plaque. Ces considérations sont admirablement confirmées par les observations directes, puisque les tableaux de Daguerre, soumis à un microscope d'une grande puissance, se montrent tout blancs et entièrement couverts de petites gouttes de mercure dans les parties représentant la lumière, que les globules sont plus rares dans les demi-teintes, et que les ombres sont lisses et complétement privées de ces concrétions microscopiques.

Les dessins obtenus par le daguerréotype seraient donc le résultat de l'ensemble de quelques portions blanchies plus ou moins et granulées par le mercure sur le fond plane, poli et bruni de l'argent.

Pour comprendre pleinement l'effet du clair-obscur dans ces dessins, il suffira de se rappeler ce qui se passe dans le travail des orfévres sur les vases et ustensiles d'argent, qui, « lorsqu'ils sont « passés au blanchiment, paraissent entièrement « blancs comme la neige, mais qui deviennent « subitement obscurs dans les parties où on les « polit : l'obscurcissement n'a pas d'autre cause, « si ce n'est qu'on a rendu plane le grain très-« fin qui couvrait la surface [1] », ce qui est totalement analogue à nos petites gouttes de mercure.

[1] Ces paroles, si directement applicables à notre but, sont celles mêmes dont se sert l'immortel Galilée dans la première journée de ses Dialogues, pour montrer que s'il y avait des mers ou des lacs dans la lune, ils devraient se trouver dans les taches et non dans les parties lumineuses du disque, comme quelques-uns le supposaient. (M M.)

Mais quoique les parties polies se montrent obscures et sombres, il doit cependant y avoir un point de vue quelconque d'où elles paraîtront nécessairement beaucoup plus brillantes que le reste. Et, en effet, l'obscurité des parties polies et brunies provient de la faculté qu'elles ont de réfléchir, dans une seule direction et hors de la voie ordinaire, cette même quantité de lumière qui, dans le cas des surfaces raboteuses et blanches, étant éparpillée en tout sens, arrive par conséquent, dans quelque position que ce soit, à l'œil de l'observateur ; ainsi, en se plaçant dans la direction des rayons réfléchis, tous en un faisceau par les surfaces polies, l'œil devra recevoir une portion de lumière plus grande que celle qu'il recevait des secondes ; or cette inversion, très-facile à vérifier sur les objets d'argenterie, présentant des parties claires sur un fonds mat, a lieu aussi dans les dessins de Daguerre, considérés sous une certaine obliquité où les lumières semblent sombres et les ombres brillent d'un vif éclat ; on a remarqué que certains petits détails de ces dessins photogéniques, très-visibles pour les hommes, paraissent souvent peu distincts aux femmes ; cela provient évidemment des vêtemens des femmes, qui se composant le plus souvent d'étoffes claires, se réfléchissent sur les petits miroirs des ombres et rendent moins vif l'effet des lumières; par conséquent, la meilleure manière de contempler les productions du daguerréotype consisterait à les disposer de telle sorte que les parties brillantes portassent à l'œil de l'observateur l'image d'une surface sombre ou noire, et l'expérience a pleinement confirmé la vérité de cette déduction, fondée sur la constitution spéculaire des ombres daguerriennes.

Concluons d'après cela que les observations microscopiques, l'analogie existant entre les composés du chlore et de l'iode, l'action décomposante de la lumière sur le chlorure d'argent, les attractions moléculaires et les lois de la réflexion s'accordent toutes pour confirmer la théorie de M. Donné, laquelle, si elle n'est pas jusqu'ici rigoureusement prouvée par l'analyse, offre cependant tous les caractères d'un excellent raisonnement d'induction et se montre bien digne d'être honorablement inscrite dans les annales de la science.

Mais reprenons la partie historique de notre récit.

Quand les peintres, les miniaturistes, les graveurs ou tout autre maître ou personne intelligente des arts du dessin, observent pour la première fois les petits tableaux obtenus par le daguerréotype, ils restent comme étourdis de la perfection de ces peintures naturelles, et conviennent tous, sans exception, qu'il est presque impossible de se figurer une chose plus jolie et traitée et finie dans toutes ses parties d'une manière plus exquise; la précision et la morbidesse des contours, la douceur des lumières, la transparence des ombres, la suavité de la fusion des teintes (*sfumature*), les effets de relief et de perspective, en un mot, toutes les qualités désirables dans un dessin en clair-obscur s'y trouvent réunies, sans se nuire réciproquement, comme cela arriverait immanquablement dans les ouvrages de l'art; où le fini des parties ne s'obtient qu'au détriment de l'effet total, la force au détriment de la délicatesse, la rondeur des contours au détriment de leur netteté, et ainsi de suite.

Les dimensions des corps y sont réduites en miniature avec une exactitude pour ainsi dire mathématique, et par conséquent les proportions relatives des différentes parties qui composent le tableau sont représentées avec une précision égale, sinon supérieure, à celle des dessins les plus soignés, exécutés avec le compas ou avec le pantographe. Pour montrer ensuite jusqu'à quel point est poussée l'imitation dans les tableaux photogéniques de Daguerre, il suffira de dire que les objets qui ne sont pas bien visibles à l'œil nu, à cause de l'éloignement, restent tels aussi dans la copie, même en les regardant de près; mais si l'on dirige une loupe sur le lointain, les choses, à peine indiquées et confuses dans les derniers plans, paraîtront aussitôt claires, précises, finies dans leurs moindres détails, précisément comme il arrive dans la nature lorsqu'on regarde avec la longue-vue les objets placés aux limites de l'horizon.

Tant de perfections réunies à la grande facilité et à la grande promptitude du procédé ont excité un enthousiasme universel; de toute part on répète les expériences du daguerréotype; chacun voudrait avoir entre les mains ce précieux instrument, l'employer le plus tôt possible pour reproduire non-seulement estampes, dessins, statues, monumens, mais les tableaux à l'huile de nos plus célèbres artistes, les plus beaux bouquets de fleurs et les papillons aux ailes peintes de mille couleurs. En vain Arago, Gay-Lussac ont dit que le daguerréotype ne pouvait servir à copier les objets colorés; un très-grand nombre de personnes espèrent toutefois obtenir sur les plaques daguerriennes, sinon les couleurs vives et variées que nous présentent la nature et le génie des arts, au moins leur *traduction exacte* en clair-obscur. Bien plus, nous avons entendu un nombre assez grand de peintres se proposer d'étudier ces copies avec un grand fruit, sous le rapport de l'intensité relative des teintes, et des points où ils doivent placer dans leurs compositions à l'huile la plus grande et la plus faible lumière.

Nous regrettons de ne pouvoir les confirmer dans ces espérances flatteuses; mais l'amour de la vérité et le devoir de notre position nous obligent à éclairer autant qu'il dépend de nous les esprits qui s'abusent, et à mettre en évidence les graves erreurs où pourraient tomber ceux qui, dans les applications photogéniques, seraient guidés par de fausses notions sur la puissance de la méthode daguerrienne.

Non, les objets colorés ne peuvent se représenter exactement en clair-obscur sur les plaques du daguerréotype, parce que les copies viendraient souvent plus sombres dans les parties où l'original présente un coloris plus clair, *et vice versâ*; de manière que les ombres et les lumières se trouvant déplacés, les effets de relief seraient

plus ou moins altérés et quelquefois complète-
ment détruits. Pour bien faire comprendre à
chacun la vérité de cette proposition, figurons-
nous qu'un observateur, renfermé dans une
chambre obscure, reçoive sur la surface d'un miroir un rayon solaire transmis par un petit trou,
et le fasse ensuite réfléchir horizontalement; il
est manifeste que l'image du trou paraîtra blanche
et ronde sur le mur opposé; vienne maintenant
un second observateur qui interpose sur la bande
lumineuse horizontale, tracée par les corpuscules
suspendus dans l'atmosphère, un prisme de verre
de manière à ce que le rayon soit obligé de tra-
verser les deux faces d'un de ses angles, l'image
du trou se portera aussitôt dans une position
plus haute ou plus basse, selon que l'angle du
prisme sera tourné en dessus ou en dessous, et
en même temps elle changera tout à fait sa propre
apparence, s'allongeant excessivement dans le
sens vertical et se peignant des plus vives couleurs, toutes unies et fondues de telle sorte que
le passage de l'une à l'autre forme une dégradation insensible, si bien que les teintes ou nuances
s'y trouvent en un nombre immense. Mais New-
ton, auquel la science doit ce spectre, résultant
de la diverse réfraction et séparation des élémens

composant un rayon ordinaire de lumière, y a marqué, pour plus grande commodité, sept zones transversales d'une étendue différente qui ont été désignées par la couleur prédominante dans chacune d'elles ; les noms et l'ordre des sept couleurs sont comme il suit : violet, indigo, bleu, vert, jaune, orangé et rouge ; le rouge forme la zone inférieure quand l'ouverture de l'angle regarde vers l'hémisphère situé sur l'horizon, et supérieure dans le cas contraire ; les physiciens préfèrent la première position, parce que les rayons se trouvent alors d'autant plus élevés que la réfrangibilité est plus grande, et peuvent ainsi être indiqués philosophiquement, appelant couleurs supérieures le violet, l'indigo et le bleu, centrales le vert et le jaune, inférieures l'orangé et le rouge.

Tous les points du spectre brillent d'une lumière très-pure, si ce n'est que l'intensité n'est pas manifestement égale partout ; au contraire, on trouve à cet égard de très-grandes différences, puisque le jaune brille avec une grande force et beaucoup plus que l'orangé et le vert, et ce dernier couple de couleur plus que le bleu et le rouge. Les parties externes de l'indigo et toute l'étendue du violet sont tellement languissantes qu'on les distingue à peine dans la plus profonde obscurité ; les autres teintes, et particulièrement le jaune, l'orangé et le vert sont très-vives et se verraient distinctement, quand bien même toutes les fenêtres de l'appartement seraient ouvertes. Ces relations d'intensité entre les couleurs newtoniennes bien présentes à la mémoire, voyons avec quelle efficacité chacune d'elles opère la décomposition des substances photogéniques.

Prenez une feuille de papier imbibée de chlorure d'argent, et l'ayant appliquée contre le mur opposé au trou de la pièce obscure précisément là où se peint le spectre newtonien, faites en sorte que les sept zones demeurent quelque temps sur les mêmes points de la feuille, condition assez facile à remplir en fixant le prisme et la feuille de papier, et variant en raison des positions successives que le soleil occupe sur l'horizon, l'inclinaison du miroir par deux mouvemens normaux de vis, ou mieux encore en employant un de ces instrumens appelés héliostat, qui imprime au réflecteur une rotation analogue et contraire à la révolution diurne du globe terrestre, de manière à ce que le rayon solaire soit constamment réfléchi dans la même direction.

Après avoir dessiné sur le papier les contours

du spectre et de ses sept divisions, laissez l'expérience à elle-même, en interceptant de temps en temps les rayons pour observer les changemens que chacun d'eux produit sur le chlorure d'argent; peu à peu on verra disparaître le blanc dans l'espace compris entre le violet et le jaune, et prendre la teinte brune accoutumée, tandis que le reste conserve sa blancheur intacte. Après environ une demi-heure, l'effet progressif sera terminé, et par conséquent toute exposition ultérieure deviendra inutile; alors éloignez le rayon solaire, examinez attentivement la feuille de papier à la lumière d'une bougie dans toute la partie dont les contours ont été dessinés et qui était auparavant occupée par le spectre; la dernière limite où frappait la couleur violette sera très-noire; de là la couleur sombre ira se fondant graduellement dans les espaces correspondant au violet, à l'indigo, au bleu, au vert, jusqu'à l'origine de l'espace précédemment éclairé par le jaune, où la fusion (*sfumature*) deviendra tout à fait insensible; quant aux zones où frappaient le jaune, l'orangé et le rouge, on n'y apercevra aucun indice visible de noircissement; ces trois espèces de rayons n'exercent donc aucune influence sensible sur le chlorure d'argent; les autres ont une action plus ou moins énergique, mais non cependant proportionnelle à leur intensité lumineuse, puisque l'éclat va en croissant du violet au jaune, tandis que l'effet chimique suit une progression inverse.

Des faits absolument analogues se produisent sur l'iodure d'argent; ce composé est plus fortement ébranlé et décomposé par le violet, et toujours moins à mesure que l'on avance vers le rouge; en sorte qu'une plaque iodurée de Daguerre, exposée pendant quelque temps à la radiation du spectre solaire et ensuite aux vapeurs du mercure, ainsi qu'aux immersions accoutumées dans les solutions d'hyposulfite de soude et d'eau distillée, se montre très-blanche dans les parties plus sombres, c'est-à-dire dans le violet, et devient graduellement moins blanche à mesure qu'elle s'approche du jaune où frappait la plus grande lumière; l'orangé et le rouge, beaucoup plus éclairés que l'indigo et le bleu, présentent à peine quelques traces de blanchissement.

Ces notions établies, chacun pourra en déduire la conséquence relative au daguerréotype; les objets peints de plusieurs couleurs donnent, dans la chambre obscure, une image parfaitement semblable à l'original, et par conséquent composée de diverses teintes ; or, quoique les radiations envoyées par les corps ne soient pas aussi pures que celles du spectre solaire, elles possèdent toutes les propriétés des rayons simples contenus dans leur composition; ainsi les lumières et les ombres définitivement empreintes sur la plaque préparée seront plus ou moins prononcées, non pas en raison de la faculté éclairante de l'image, mais selon la diverse proportion des rayons prismatiques supérieurs ou inférieurs qui y sont réunis; donc la copie reproduira les effets de clair-obscur de l'original, dans les cas seulement où ils dérivent d'une teinte ou coloration à peu près homogène dans chaque point du tableau.

Nous en tenant aux connaissances jusqu'ici acquises, il paraît certainement très-improbable que l'on arrive à obtenir la même action chimique des couleurs supérieures et inférieures du spectre solaire; toutefois nous n'entendons pas nier par là la possibilité d'imiter un jour par les procédés photogéniques le clair-obscur résultant des différentes colorations réunies dans un seul tableau, et peut-être aussi les couleurs mêmes; au contraire, nous devons faire mention de quelques recherches d'Herschell et d'autres expérimentateurs, desquelles il semblerait résulter que le violet, le bleu, le vert, ont produit des impressions analogues sur certains papiers préparés; mais ces impressions sont de purs embryons, et nous ne pouvons en aucune manière prévoir s'il sera donné à la science de trouver l'aliment convenable à leur développement ultérieur; et puisque l'occasion nous a conduit à parler de choses qui n'ont pas de relation immédiate avec le procédé et l'usage du daguerréotype, il sera bon de citer les travaux de M. Talbot, qui s'occupe depuis quelques années en Angleterre d'expériences photogéniques. Ses dessins, que beaucoup de personnes auront vus chez notre illustre collègue le chevalier Tenore, se produisent immédiatement sur le papier, et ressemblent beaucoup au genre de peinture d'une seule teinte, connue sous le nom d'aquarelle à la sépia. La substance qui reçoit l'empreinte est le chlorure d'argent, auquel l'auteur enlève par quelque liquide sa propriété photogénique aussitôt après l'avoir soumis à l'influence des rayons lumineux; d'autres réactifs chimiques rendent claires les parties brunes, *et vice versâ*; de sorte que la copie présente le même clair-obscur que l'original, et se conserve sous l'action de la lumière du jour. On a déjà vu que les préparations de chlorure ne sont pas très-sensibles aux radiations d'une faible énergie, et par conséquent les feuilles de M. Talbot doivent nécessairement rester pendant un temps assez long dans la chambre obscure, de telle sorte qu'un changement notable des ombres et des lumières se succédant dans cet intervalle, les copies ne peuvent arriver à cette pureté que l'on obtient avec le daguerréotype, où l'exposition de la plaque à l'image ne dure que quelques minutes. En effet, les contours de ces dessins produits par l'action de la chambre obscure sont un peu incertains et confus; les copies des estampes faites par superposition et exposition aux rayons solaires réussissent beaucoup mieux.

Il est du reste presque superflu d'ajouter que le procédé du physicien anglais n'est pas applicable non plus aux tableaux à l'huile et aux objets peints de couleurs vives et variées.

Mais quoiqu'à présent le champ des applications photogéniques soit circonscrit dans de certaines limites, sa fécondité est cependant telle qu'il pourra fournir de très-bonnes et abondantes récoltes à quiconque se mettra à le cultiver avec intelligence et amour.

En premier lieu, les statues, les bas-reliefs, les palais, les églises et toute sorte de monumens anciens et modernes se peuvent reproduire au moyen du daguerréotype avec une perfection et une promptitude en comparaison desquelles les efforts de l'art sont vains et impuissans. M. Arago observe , avec justesse, que si l'invention de cet admirable appareil avait précédé de quarante-deux ans l'époque actuelle, lorsque Napoléon débarquait en Égypte avec de nombreux corps de savans et d'artistes , on posséderait aujourd'hui les images très-fidèles de beaucoup d'emblèmes et d'objets d'antiquité que la cupidité des Arabes et le vandalisme de certains voyageurs ont enlevés pour toujours à la contemplation des savans. « Plusieurs lustres et des légions entières de « dessinateurs, dit-il, seraient nécessaires pour « copier les milliers et millions d'hiéroglyphes qui « couvrent les grands monumens de Thèbes, de « Karnak, de Memphis; avec le daguerréotype, « un seul individu pourrait conduire à bon terme « cet immense travail. » Ajoutons que les ruines existantes dans les deux hémisphères se trouvent souvent dans des lieux déserts, malsains, entourés de nations inhospitalières qui rendent périlleux et quelquefois impossible un long séjour, et dans de telles circonstances, chacun voit de quelle importance devient un procédé qui permet de copier en cinq ou six minutes un monument très-étendu, chargé de colonnes, d'inscriptions, d'ornemens de tout genre et de toute dimension, quelques-uns accessibles, les autres non, en les conservant tous dans leurs proportions comme s'ils étaient dessinés avec la plus exacte mesure! Et je dis cinq ou six minutes, parce que nous savons de Daguerre lui-même que ses plaques iodurées et renfermées dans des boîtes imperméables à la lumière s'y conservent plusieurs heures avant et après leur exposition dans la chambre obscure, sans nuire aux circonstances favorables à la réussite de l'opération; de telle sorte que le voyageur ne sera forcé de séjourner que pendant l'espace de temps très-court nécessaire aux divers points de l'image pour exercer à la fois leur magique influence sur la table préparée.

La promptitude et la facilité de reproduire les choses avec la plus grande précision sera indubitablement très-utile dans plusieurs opérations d'architecture, de topographie et d'art nautique, surtout lorsque le procédé trouvé par le docteur Donné pour transporter le dessin sur le papier sera rendu public. Les géologues, pour lesquels importent tant le nombre, l'ordre, l'inclinaison des couches de montagnes, les formes quelquefois très-variées des coquilles fossiles qu'elles contiennent, la succession des terrains, la configuration des roches, s'en serviront, eux aussi, avec grand avantage dans leurs explorations scientifiques.

Les moyens photogéniques seront d'une immense utilité au naturaliste pour relever les figures et les proportions exactes des diverses parties dont se composent les êtres organisés, non pas tant sous le rapport artistique que sous le point de vue anatomique et physiologique. En effet, par les arts du dessin on peut imiter les caractères extérieurs, la forme, le port, l'expression et je dirai presque la vitalité d'une plante et d'un animal beaucoup mieux que par le moyen du daguerréotype qui exige un modèle parfaitement immobile; mais où trouver, par exemple, un peintre capable de copier exactement les six mille ramifications nerveuses découvertes par Lyonnet dans le ver à soie?

En second lieu, la sensibilité des plaques daguerriennes est si grande, qu'elles offrent avec une clarté suffisante les très-faibles impressions produites à la surface de ces plaques par les images des objets grossis au moyen du microscope composé, qualité très-précieuse, comme on le voit bien, pour l'étude de cet immense nombre d'êtres

qui échappent à notre vue en vertu de leur prodigieuse exiguïté.

Il convient ici d'observer que l'ingénieuse découverte de Daguerre deviendra très-utile aux
sciences, non-seulement en rendant plus faciles
et plus précis les dessins des corps appartenant
aux trois règnes de la nature, mais en fournis-
sant aux physiciens un nouveau moyen de mesu-
rer les radiations chimiques de la lumière et
d'en rechercher les propriétés inconnues.

En comparant ensemble les impressions photogéniques ramenées à la même intensité par des
éloignemens différens ou par les moyens plus
exacts que la physique possède aujourd'hui, on
parviendra, selon toute probabilité, à déterminer la lumière relative que les astres envoient
sur la terre, au moins dans les circonstances où
l'identité des élémens composant les radiations
est manifeste, comme il paraît qu'on doit l'admettre dans la comparaison entre le soleil et la
lune, dont les rapports de lumière ont été si
diversement évalués par les astronomes. Les aca-
démiciens de Paris avaient déjà tenté d'avoir les
données nécessaires à la solution du problème,
à l'aide du chlorure d'argent; mais cette substance, exposée pendant un long temps à la lu-

mière de la lune, recueillie par une lentille d'une ample dimension à l'époque de la pleine lune et par un ciel très-pur, n'avait pas éprouvé la moindre altération de couleur, tandis que les plaques daguerriennes blanchissent tellement par l'influence de la lumière lunaire, qu'au lieu de recourir à la concentration, on croit pouvoir parvenir, avec quelques précautions, à copier photogéniquement le disque agrandi de la lune, reproduisant ainsi la configuration très-exacte de ses diverses parties; opération qui, pour être conduite à terme par les seuls moyens astronómiques, demanderait un travail capable de lasser la patience des plus intrépides observateurs. Mais pour avoir une preuve évidente de la nouvelle carrière de progrès que le daguerréotype ouvre aux sciences physiques, il suffira de citer quelques observations de M. Daguerre.

Dans la même journée, et sous un ciel parfaitement serein, le soleil, à des hauteurs égales sur l'horizon, ne possède pas la même puissance chimique; les premières images antéméridiènnes se forment plus vite que les dernières images postméridiennes, et le daguerréotype opère un peu plus vite à sept ou huit heures du matin qu'à quatre ou cinq de l'après-midi; dans quelques cas mal définis jusqu'ici, on obtient des images plus prononcées par un ciel légèrement vaporeux que sous l'influence du ciel le plus pur.

Ces faits sont certainement merveilleux, mais non pas aussi contradictoires et incompréhensibles qu'ils le paraîtront d'abord probablement à beaucoup de nos auditeurs.

Retournons par la pensée à l'expérience dans laquelle un observateur faisait tomber sur une feuille de papier chlorurée l'image du spectre solaire, et l'y tenait immobile durant une demi-heure environ; l'expérience terminée, on trouvait la feuille parfaitement intacte dans l'espace auparavant occupé par le rouge, l'orangé et le jaune, et brune dans le reste du spectre; la teinte brune, très-légère dans le vert, se renforçait toujours plus à mesure qu'elle s'approchait de la dernière limite du violet, où elle acquérait sa plus grande énergie.

Il faut ajouter à présent que le changement éprouvé par le chlorure d'argent ne finit pas avec cette extrémité du spectre, mais se continue dans l'espace obscur, en décroissant graduellement, de telle sorte que l'espace entier de la portion noircie correspond par moitié aux couleurs du spectre, et par son autre moitié sort de la limite supérieure; d'où la conséquence qu'outre les rayons lumineux doués de la puissance chimique, la radiation solaire contient une quantité notable de rayons obscurs invisibles, capables, eux aussi, d'exciter les réactions chimiques. Imaginons que ces radiations chimiques obscures traversent en plus grande abondance l'atmosphère dans quelques circonstances différentes de celles qui facilitent le passage des expansions lumineuses, et on concevra comment certaines heures et certaines journées seront plus favorables au daguerréotype; quoique l'atmosphère conserve la même transparence ou montre même quelquefois une moindre perméabilité pour les rayons lumineux.

Nous pencherions d'autant plus volontiers vers cette explication, qu'une longue série d'observations nous a dévoilé des phénomènes du même genre dans la partie opposée du spectre, relativement aux radiations calorifiques.

Il est désormais connu de tout le monde que le sel gemme est le seul corps qui transmette également et immédiatement toute espèce de chaleur rayonnante, et dès lors le seul qu'on doive employer dans l'analyse de la chaleur solaire : imaginons donc un spectre produit par un prisme de cette substance, et supposons que l'on cherche avec le thermomètre la distribution de la chaleur dans ses diverses parties; introduisant la boule de l'instrument dans l'espace qui précède le violet, c'est-à-dire dans l'espace occupé par les rayons obscurs capables d'action chimique, on ne remarquera aucun mouvement dans l'extrémité de la colonne liquide; une faible élévation se manifestera aussitôt que la boule entrera dans la zone violette; l'effet calorifique deviendra graduellement plus fort à mesure que l'on avancera vers le rouge, et continuera encore à augmenter passé la dernière extrémité colorée du spectre, jusqu'à une distance égale et opposée à celle du vert, pour décroître ensuite de nouveau et s'éteindre un peu plus loin. Par conséquent l'espace réchauffé n'est pas entièrement contenu dans l'espace occupé par les couleurs, et une certaine portion équivalente à la moitié environ du spectre avance en dehors de la limite inférieure, et par conséquent le spectre newtonien présente au delà de la limite rouge une expansion calorifique obscure, totalement analogue à l'expansion chimique privée de la lumière qui se manifeste au delà de la limite violette. Il est facile de prévoir que cette radiation calorifique obscure n'exerce aucune action sur les substances photogéniques ; en effet, le chlorure se conserve intact, non-seulement dans les couleurs inférieures, mais dans l'espace suivant.

Maintenant, répétant l'analyse de la chaleur solaire dans diverses journées, sous un ciel parfaitement limpide et serein, quand les couleurs prismatiques conservent les mêmes relations précises d'intensité, on trouve que le *maximum* de température n'est pas toujours dans la même position, mais tantôt plus, tantôt moins loin de l'extrémité visible du spectre. Les rayons calorifiques privés de lumière arrivent donc quelquefois à la surface de la terre en quantité plus au moins grande, selon l'état de certaines vicissitudes atmosphériques inconnues, lesquelles n'exercent aucune influence sur la transmission des rayons lumineux [1].

[1] Malgré tout ce que peut paraître avoir d'étrange cette conséquence des faits observés, elle n'est pas contraire aux propriétés maintenant connues des corps relativement au calorique rayonnant ; au contraire, comme l'expérience a mis hors de doute que les radiations calorifiques se transmettent, par voie immédiate et instantanée, au travers de quelques substances opaques, tandis que d'autres corps diaphanes les interceptent complétement, chacun voit que le passage plus ou moins abondant des rayons solaires par deux constitutions également limpides et sereines de l'atmosphère, n'est qu'un cas particulier de cette même loi générale, par laquelle la matière se montre tantôt plus, tantôt moins perméable à l'un ou à l'autre des deux agens auxquels nous devons les phénomènes du calorique et de la lumière (M. M.)

Pourquoi un phénomène semblable ne pourrait-il pas se produire relativement aux radiations obscures douées de la puissance chimique?

M. MELLONI.

NOTES.

OBSERVATIONS SUR LE PROCÉDÉ DE M. DAGUERRE.

(Notes prises au cours professé par M Dumas à la Faculté des Sciences.)

. . . . . . Parmi les faits importans qui se rattachent à l'histoire des composés auxquels l'argent donne naissance, rien de plus extraordinaire. à coup sûr, que le rôle aussi remarquable qu'inattendu qu'on est parvenu à faire jouer à l'iodure d'argent.

Vous comprenez que je veux parler de la découverte de M Daguerre, dont il est si difficile de calculer la portée industrielle , mais dont tout le monde a compris l'intérêt scientifique

Comment M. Daguerre est-il parvenu à fixer les images au moyen de l'iodure d'argent? Comment a-t-il rendu la formation de ces images presque instantanée , tout en leur communiquant une inaltérabilité qui les rend éternelles ? Comment a-t-il su reproduire les lumières et les ombres dans leur valeur exacte et dans leur sens naturel ? Toutes ces questions se présentent immédiatement à l'esprit, et on n'y entrevoit aucune réponse, quand on ne connaît que les propriétés du chlorure d'argent.

L'embarras qu'on éprouve explique le sentiment avec lequel a été accueillie la découverte de M. Daguerre. On a cherché involontairement quelque chose de mystérieux dans une opération dont le résultat imprévu s'obtenait par des moyens si peu faits, en apparence, pour le réaliser : mais à un examen plus approfondi, le mystère dont les détails de l'opération semblaient entourés s'évanouit, et il ne reste plus qu'un fait scientifique, clair et précis, dont l'explication ne se fera pas longtemps attendre sans doute.

Le procédé de M. Daguerre s'exécute à l'aide de plaques de cuivre plaquées d'argent et bien polies. Il faut que ces plaques soient parfaitement décapées. On les frotte avec de l'acide nitrique faible, puis on les essuie avec du tripoli. Tout cela est purement accidentel. Si l'argent était bien pur à la surface, ces opérations seraient inutiles ; elles ont pour objet de nettoyer, de décaper celle-ci, voilà tout ; aussi peut-on remplacer l'acide nitrique par de l'ammoniaque, sans inconvéniens.

Lorsque la plaque est nette, il est évident qu'en l'exposant à l'action de la vapeur d'iode, elle se recouvrira d'une couche mince d'iodure d'argent, l'iode ayant la propriété de se combiner à l'argent directement et instantanément.

Pour obtenir cette couche mince d'iodure, il suffit d'exposer pendant quelques minutes la plaque à l'action d'un carton pénétré d'iode, en la maintenant à un centimètre de distance de celui-ci, par exemple. M. Daguerre admet qu'il est indispensable de border la plaque avec quatre lames de plaqué; mais il paraît que cette précaution n'est pas absolument nécessaire.

Lorsque la plaque exposée à l'action de la vapeur d'iode qui émane sans cesse du carton , s'en est chargée au point de prendre une teinte d'un jaune d'or bien caractérisé, elle est prête à recevoir l'action de l'image qui doit s'y fixer.

Cette teinte d'un jaune d'or est développée par une lame mince d'iodure d'argent, et non, comme on le dit quelquefois , par une couche d'iode. Il suffit d'exposer la plaque ainsi préparée à l'action d'une dissolution de sel marin pour se convaincre de la véritable nature de cette couche. On voit, en effet, la teinte jaune disparaître rapidement par la dissolution de la couche qui lui donne naissance. Ce sont les bords qui sont attaqués les premiers, et la couche jaune s'évanouit comme un voile qu'on enlèverait de la circonférence au centre de la plaque. Quand on a répété plusieurs fois cette opération avec la même dissolution de sel marin, ou trouve celle-ci chargée d'iodure d'argent. C'est donc bien de l'iodure d'argent qui se développe à la surface de la plaque.

Mais la couleur de l'iodure d'argent n'est pas le jaune d'or; et d'ailleurs . si on examine la plaque à diverses époques de l'opération, on trouve qu'elle prend une teinte jaune paille d'abord , jaune d'or ensuite, et qu'elle passe enfin à la nuance violacée. Il résulte de là que ces teintes sont dues à la couche d'iodure agissant comme lame mince , et non point à la couleur propre de cet iodure.

Si les physiciens nous avaient appris à quelle épaisseur d'une lame mince correspondent les couleurs qu'elle produit, nous aurions pu nous faire une idée de l'épaisseur de la couche d'iodure d'argent qui va servir à fixer les images de la chambre obscure. Dans l'ignorance où nous sommes à cet égard, quelques expériences m'ont paru indispensables

Une plaque de 5760 millimètres carrés de surface ayant été amenée à la nuance jaune paille par son exposition à la vapeur d'iode, fut reportée sur une balance très-délicate, où on en avait fait exactement la tare : il y avait une augmentation de poids certaine, évidente, mais elle ne s'élevait pas à un demi-milligramme. Quand la nuance fut du jaune d'or, l'augmentation du poids arriva au demi-milligramme. En prolongeant la durée de l'action de la vapeur d'iode par delà le temps nécessaire, en quadruplant cette durée, par exemple, j'obtins des effets très-appréciables à la balance, une augmentation de poids de 2 milligrammes. Je supposai que le quart de cette quantité aurait suffi pour former à la totalité de la surface la dose d'iodure nécessaire à la production de l'image.

Mais en calculant le poids d'iodure d'argent que cet iode représente, en calculant le volume d'iodure qui correspond à ce poids, on arrive à se rendre compte de l'épaisseur de la couche d'iodure d'argent déposée à la surface de la plaque.

Elle n'est pas égale à UN MILLIONIÈME DE MILLIMÈTRE.

Rien dans les phénomènes qui ont occupé jusqu'ici les micrographes ne peut donner une idée d'une grandeur de cet ordre. Les globules du sang sont des monstres, les filamens les plus ténus des câbles à côté de pareilles lames. Avec les microscopes les plus puissans, nous reconnaissons bien qu'il existe des corpuscules d'un millième de millimètre de diamètre dans les granules de certains pollens, par exemple, mais c'est là que s'arrête notre pouvoir d'investigations.

Eh bien! c'est sur une lame dont l'épaisseur n'atteint pas la millième partie du diamètre de ces corpuscules que nous voyons à peine avec les meilleurs instrumens, c'est sur une lame qui serait invisible pour nos yeux armés des meilleurs microscopes, que vont s'opérer les merveilles du procédé de M. Daguerre.

Cette lame est très-résistante Le frottement ne l'efface pas.

Mais vient-on à exposer la plaque à l'action de la lumière pendant quelques instans, aussitôt la couche jaune se désagrége Le frottement l'enlève alors, ou du moins la modifie beaucoup.

La couche d'iodure, qui était continue, s'est désagrégée, cassée, pulvérisée sous l'influence de la lumière.

Exposez la plaque au foyer de la chambre obscure, et l'image qui tombera sur elle produira des effets semblables. Les parties dans l'ombre conserveront l'intégrité de la couche jaune. Les portions éclairées offriront cette pulvérisation, cette désagrégation de la couche jaune, qui est l'effet inévitable de l'action de la lumière.

Au bout de douze ou quinze minutes, l'effet sera produit; mais ne vous y trompez pas, à l'œil rien de sensible n'apparaîtra. La couche jaune n'aura pas changé d'aspect, le frottement seul vous ferait découvrir que l'état de l'iodure n'est pas le même sur toute l'étendue de la plaque.

C'est alors que M. Daguerre expose la plaque à l'action de la vapeur de mercure

Comment cette vapeur agit-elle? Les faits suivans vont nous l'apprendre.

Exposée à l'action de la vapeur de mercure, une plaque recouverte d'une couche d'iodure d'argent intacte ne se recouvre pas d'un enduit de mercure pulvérulent;

Une plaque de plaqué nu ne se recouvre pas non plus de mercure;

Une plaque de plaqué, recouverte d'iodure modifié par la lumière, se recouvre de mercure en poussière dans tous les endroits que la lumière a frappés

Ainsi l'action de la lumière dispose la couche d'iodure à se couvrir de mercure en poussière. C'est cette poussière qui produit les clairs du tableau, dont les ombres sont formées par la surface métallique miroitante et nue : à peu près comme si on eût produit une image sur un tableau noir, au moyen d'une couche de farine plus ou moins épaisse.

Vue au microscope, la couche mercurielle se présente en effet comme formée de granules très-irréguliers de 1/800e de millimètre de diamètre. Les partics blanches en sont couvertes Les demi-teintes en sont moins garnies; les ombres n'en présentent pas. En un mot, les granules mercuriels se sont déposés en quantité proportionnelle aux érosions de l'iodure d'argent

Quelques mots sur le manuel de l'opération. On obtient cette couche de granules mercuriels en exposant la plaque à la vapeur de mercure, sous un angle de 45 degrés environ. Cet angle a paru nécessaire à M. Daguerre; depuis on a contesté l'utilité de cette disposition.

On remarquera cependant que si le vase contenant le

mercure chauffé était au-dessous de la plaque, celle-ci étant horizontale, l'air chargé de vapeur de mercure qui viendrait la frapper le ferait très-irrégulièrement. Il s'échapperait tantôt d'un côté, tantôt de l'autre; et le dépôt de mercure serait par cela même fort variable. Au contraire, la plaque étant inclinée, l'air chaud, chargé de vapeur mercurielle en s'élevant, glisse à la surface de la plaque, y dépose son mercure, et se renouvelle constamment et avec une parfaite régularité. Il est inutile de dire que rien de pareil n'aurait lieu si la plaque était verticale; le renouvellement au contact de l'air chargé de vapeur mercurielle serait presque nul.

Enfin on peut se demander en quoi consistent ces granules mercuriels. Est-ce du mercure ou un amalgame d'argent? Dans mon opinion, c'est du mercure en poudre, simplement déposé à la surface de l'argent, mais non amalgamé.

On voit que tout le secret du procédé réside dans ces cassures que la lumière fait naître dans la lame d'iodure d'argent et dans la tendance du mercure en vapeur à se condenser de préférence sur ces érosions.

Il faut ajouter que, d'après les propres observations de M. Daguerre, une plaque qui a subi l'action de la lumière ne conserve pas indéfiniment la faculté de se couvrir de mercure avec régularité. Les parties désagrégées par la lumière possèdent donc un pouvoir spécial d'abord; ce pouvoir se dissiperait peu à peu. Je prends la liberté de fixer l'attention des physiciens sur ces trois points :

1° Quelle est la cause de la désagrégation de la couche d'iodure d'argent ?

2º Comment agit cette couche désagrégée pour fixer le mercure en granules ?

3º Quelle différence existe-t-il entre les portions récemment désagrégées et les portions qui ont subi l'action de la lumière depuis longtemps ?

Je n'ai rien à ajouter en quelque sorte aux observations qui précèdent, pour compléter la description du procédé.

Quand la plaque sortant de la chambre obscure et portant une image latente a été exposée à la vapeur mercurielle qui développe tout à coup cette image, il faut se débarrasser de l'iodure d'argent qui a servi à la produire, mais qui désormais deviendrait inutile, et dont les colorations à la lumière gâteraient l'effet du dessin.

On y parvient en trempant la plaque dans une dissolution de sel marin ou d'hyposulfite de soude. Ces dissolutions ont l'une et l'autre la propriété de dissoudre l'iodure d'argent, et elles enlèvent rapidement la couche que forme celui-ci.

Le tableau demeure alors formé par une plaque d'argent polie avec dessins produits par les granules de mercure. L'iodure intact ou désagrégé ont disparu l'un et l'autre.

Rien de plus, si ce n'est qu'il faut laver la plaque à l'eau distillée bouillante; ce qui la débarrasse des substances salines que la dissolution y aurait laissée.

La théorie qui précède n'explique pas certains détails dont il est pourtant facile de se rendre compte.

Ainsi il paraît que les dessins réussissent mieux le matin que le soir, toutes choses égales d'ailleurs. Cela ne paraît tenir uniquement aux courans d'air qui se développent à la surface des corps échauffés par le soleil, et qui brisent ces rayons lumineux. Les lignes de terminaison des corps échauffés par le soleil sont vagues ; leur vision n'est pas distincte. Le daguerréotype les reproduit comme il les voit. Le matin, au contraire, ces mêmes objets sont éclairés tout autant, et moins chauds ; les courans d'air de diverses densités doivent être peu sensibles.

Ce n'est donc pas un soleil brillant qui produira les meilleurs effets, mais bien un ciel couvert de légers nuages, un ciel pommelé. Que les objets soient bien éclairés, mais que leur surface soit le moins possible échauffée.

Des opinions qui précèdent sur la nature du procédé de M. Daguerre, opinions qui sont précisément celles que M. Donné a publiées , et que je m'en étais formées de mon côté, quand j'ai eu à examiner le procédé de M. Daguerre avant sa divulgation, dérivent quelques applications curieuses [1]

Et d'abord peut-on vernir les plaques en question de façon à rendre les dessins maniables ? Qui en douterait en voyant les plaques recouvertes de mercure subir l'action d'une pluie d'eau bouillante lancée avec force, sans éprouver la moindre dégradation ? .

Avec une dissolution de dextrine au cinquième dans

---

[1] Ces applications, et bien d'autres, sont des dépendances si positives de la théorie qui précède, qu'il est nécessaire d'insister sur l'utilité qu'il y aurait à voir cette théorie soumise à une discussion approfondie. C'est en ce sens qu'il peut être de quelque importance de remarquer que M. Donné et moi nous avons, chacun de notre côté, été conduits au même point de vue, celui que M. Donné a publié, et qui par conséquent lui appartient. (*Note de M. Dumas*).

l'eau bouillante, je les ai parfaitement vernies; les dessins se sont bien conservés.

Mais ces dessins vernis m'ont offert une particularité très-digne d'attention, car elle justifie la plupart des idées précédemment exposées. En chauffant légèrement un dessin verni, j'ai vu la couche de dextrine se détacher, entraînant avec elle la poussière mercurielle, et laissant la plaque de plaqué dans son état naturel. Cette poussière était donc déposée à la surface de la plaque, et non pas combinée.

J'en ai conçu la pensée et l'espoir que la gravure ou la lithographie pourront un jour tirer parti du procédé de M. Daguerre.

La gravure. en ce sens qu'une plaque couverte d'un dessin et arrosée d'acide nitrique sera corrodée dans les parties nues bien avant de l'être dans celles qui sont couvertes de mercure, que l'acide sera forcé de dissoudre avant d'atteindre l'argent Tel est probablement ce procédé de M. Donné.

La lithographie, en ce sens que si l'on parvient à transporter la poussière mercurielle sur un papier teinté de crayon lithographique ou d'encre lithographique, on pourra, en appliquant ce papier sur la pierre, y reproduire le dessin, car la poussière mercurielle préservera la pierre dans toutes les parties qui doivent rester lumineuses. Ce procédé n'a pas été essayé; il offre de grandes difficultés, et il exige un tour de main pour faire passer la poussière mercurielle de la plaque de plaqué sur une feuille de papier noircie de crayon ou d'encre lithographique, tour de main qui reste à inventer.

Je n'ajouterai qu'un mot aux observations qui précèdent. Il a pour objet de faire sentir l'importance qu'il y aurait à créer aisément des dessins du daguerréotype sur acier. De tels dessins, attaqués par les acides, produiraient des épreuves nombreuses, et il n'est certainement pas impossible d'arriver à argenter l'acier d'une manière convenable pour les obtenir. C'est un problème à résoudre.

NOTES DE M. LE BARON SÉGUIER.

Les modifications apportées par M. le baron Séguier aux appareils photographiques sont de deux natures : les premières portent sur le matériel, les secondes sur les préparations et opérations consécutives.

Ces modifications ont eu principalement pour but la diminution du poids et du volume des appareils, la commodité de leur emploi.

La chambre noire, réduite aux proportions strictement nécessaires pour percevoir le dessin sur les plaques de la dimension adoptée, a été séparée de la planchette qui lui sert de base.

Un pied triangle à rotule soutient la planchette sur laquelle se pose la chambre noire Elle peut se placer tantôt sur son grand côté, tantôt sur le petit, suivant qu'on désire percevoir le dessin sur la largeur ou la longueur de la plaque.

La rotule permet de braquer l'appareil dans la position la plus convenable, cette position devant être toujours sensiblement horizontale. L'articulation sert principalement à racheter les inégalités du terrain sur lequel reposent les pieds du triangle.

Le châssis à glace dépolie, réduit aux dimensions d'une des planchettes, a été muni d'un sac conique en toile noire; en plaçant l'œil à son sommet, l'opérateur juge si l'image est mise au point.

La boîte à iode a été complétement changée de forme, la méthode de l'iodage est tout autre; au lieu du rayonnement direct, de l'iode contenu dans une capsule placée au fond d'une boîte conique à grande distance de la plaque, le nouveau mode d'opérer consiste à recevoir à petites distances sur la plaque d'argent l'exhalaison de l'iode dont a été saturée une feuille de carton.

La boîte à l'iode se trouve maintenant composée d'un caisson contenant une carde de coton saupoudrée d'iode, d'une planchette garnie de coton sur chacune de ses faces, de deux petits châssis de bois réunis, l'un d'une dimension double de l'autre; enfin, d'une feuille de verre pour tenir lieu d'opercule. Les deux châssis employés seuls ou superposés servent à établir trois distances différentes entre la feuille de carton et la plaque. L'éloignement le plus convenable est choisi suivant la température de l'atmosphère; on emploie le plus épais châssis quand il fait chaud, le plus mince abrége le temps de l'opération quand il fait froid.

Les procédés de préparation des plaques ont été simplifiés, le poli à l'huile et à la ponce et deux des trois dérochages ont été supprimés. Une feuille de plaqué bien redressée. sans être planée au marteau, mais par une forte compression entre deux surfaces parfaitement polies, est celle qui convient le mieux pour obtenir de belles images.

Le métal non récroui reçoit plus facilement l'impression du mercure. Le planage au marteau a l'inconvénient d'enfermer dans les pores du métal des matières qui, plus tard, en sortent et forment des taches. Le choc du marteau contribue aussi à détruire la parfaite adhérence du cuivre et de l'argent ; la capillarité permet quelquefois au liquide de s'insinuer dans les cavités produites par le défaut d'adhérence des deux métaux ; l'acide ainsi absorbé donne lieu à des cristallisations qui gâtent le dessin terminé.

· Toute la préparation des plaques consiste à les bien polir avec un peu de tripoli délayé à l'eau acidulée, jusqu'à consistance de pâte liquide. Un tampon de coton renfermé dans une mousseline usée, rend cette opération facile ; le dérochage qui en résulte paraît complétement suffire ; il n'importe plus, pour assurer la réussite, que de sécher la plaque avec soin. Cette opération essentielle est très-sûrement ménagée à l'aide d'une projection suffisante de tripoli bien sec et en poudre, et de la dissémination de cette substance sur toute la surface de la plaque ; le tripoli calciné absorbe toute l'humidité de la plaque. Un peu de coton sec sert à balayer le tripoli : on le recueille dans une capsule. Il ne doit être employé de nouveau qu'après avoir été bien séché Il importe de se servir, pour essuyer une dernière fois la plaque de plaqué, de coton bien dégraissé. En saupoudrant une carde de coton avec du tripoli, et la battant ensuite avec soin, on la rend très-propre à ce dernier usage Cette précaution nous paraît concourir puissamment à la production des bonnes épreuves.

L'ioduration, poussée jusqu'à l'orange violacée, assure la beauté des teintes des images, et prémunit contre l'inconvénient si commun de faire bleu.

Nous avons obtenu nos plus beaux dessins en les laissant peu longtemps dans la chambre noire, et en les exposant plusieurs fois de suite à la vapeur du mercure chauffé seulement jusqu'à 65 degrés. Le ton du dessin est ainsi facilement monté au point le plus convenable pour l'effet général. Il importe de ne chauffer de nouveau le mercure que lorsque sa température est redescendue à 4o degrés; en procédant ainsi, on voit les ombres diminuer d'intensité, les lumières acquérir plus d'éclat; l'aspect général se modifie progressivement et avec assez de lenteur pour que le goût et l'habitude permettent de retirer l'épreuve quand elle est arrivée à son maximum d'effet.

NOTES DE M. HUBERT.

Des noirs et des blancs.

La palette du peintre photographe étant on ne peut plus restreinte, puisqu'il n'a à sa disposition que le noir et le blanc, ses premières études, après avoir obtenu des images telles que telles, doivent donc se concentrer sur la recherche des noirs et des blancs les plus vigoureux, et sur leur bonne distribution dans les ajustemens qu'il composera, *et même dans les vues qu'il prendra sur nature.*

Dans ce dernier cas, la nature fait tous les frais ; mais l'artiste peut encore facilement combiner ou concentrer sa lumière, par le choix qu'il sait faire d'une bonne place pour son instrument, d'une heure du jour favorable, et d'un ciel plus ou moins lumineux suivant le besoin.

Les noirs s'obtiennent par un polissage et un brunissage parfaits des plaques ; mais comme l'on ne peut pas toujours arriver à ce brunissage et à ce polissage parfaits, faute de matières assez fines ou de plaques assez bonnes, il faut, en les terminant, diriger le tampon en ayant égard au côté dont on devra voir le dessin.

Ainsi, pour un dessin que l'on doit voir en hauteur, il est bon de diriger le tampon parallèlement aux petits côtés, et parallèlement aux grands pour un dessin en largeur.

La manière dont la planche a passé sous le laminoir n'est pas non plus indifférente relativement au sens dans lequel le dessin doit être vu.

Quant aux blancs, ils ne peuvent s'obtenir vifs que sur une plaque parfaitement polie, dégraissée, décapée et séchée ; à cet effet, l'on saupoudre la planche de tripoli très-fin, puis, ayant versé dessus une dizaine de gouttes d'huile d'olive, l'on frotte en tous sens, le plus également possible, avec un coton enveloppé de mousseline fine et vieille.

Lorsqu'il s'est formé un cambouis noir, l'on commence à essuyer la plaque, en dirigeant le tampon parallèlement au côté adopté, et en le faisant sortir sur le papier où repose la plaque, afin d'ôter la plus grande partie du cambouis; puis, changeant de tampon et de papier, l'on achève de nettoyer la plaque en essuyant et polissant avec de la poudre de tripoli. L'on recommence cette opération jusqu'à ce que la planche ait atteint un brun et un poli très-beaux, qui ne s'obtiennent avec le tampon et le tripoli qu'en frottant d'autant plus légèrement que le poli s'avance davantage.

On dégraisse la plaque en la saupoudrant de ponce fine et en la frottant deux fois, et toujours dans le sens adopté, avec un tampon imbibé d'acide nitrique étendu d'eau, ce qui forme une pâte liquide d'eau acidulée et de ponce; l'on étale cette pâte également sur la planche, et il faut essuyer chaque fois la plaque en la saupoudrant (lorsqu'elle est presque sèche) de ponce qu'il ne faut plus que poser légèrement avec le coton, mais toujours dans le sens adopté. L'on chauffe ensuite la plaque également et assez fortement.

Cette opération terminée, c'est alors qu'il faut les plus grandes précautions de propreté, même celle d'envelopper de coton le doigt qui maintient la plaque que l'on nettoie avec de la ponce, puis on frotte celle-ci trois fois avec de l'acide, en ayant soin de bien l'essuyer et de la sécher entièrement au moyen de ponce très-fine, en frottant légèrement et toujours dans le sens adopté pour la planche.

Telle est la manière d'opérer que j'ai cru devoir indiquer, parce qu'elle m'a le mieux réussi, et parce que, n'ayant pu de suite obtenir d'une manière certaine et régulière par l'usage exclusif du tripoli (tel qu'on le prépare dans le commerce) les beaux blancs que j'avais plus vifs avec de la ponce, j'ai dû chercher à les retrouver en terminant mes opérations comme dans le principe, et en ne me servant de tripoli ordinaire que pour le polissage.

En résumé, avant l'iodage la planche doit être parfaitement polie, n'importe par quel moyen, puis dégraissée, chauffée et décapée par un, deux ou trois acidulages, suivant le besoin ; mais pour éviter les tons d'ardoises, l'excès d'acidulage doit être enlevé de dessus la planche au moyen de la ponce ou du tripoli, en ayant soin de faire concourir ce travail bien dirigé à rattraper les noirs détruits par l'acidulage.

OBSERVATIONS SUR LES NOUVEAUX PROCÉDÉS EXPÉDITIFS DE PRÉPARER LES PLANCHES.

Nous admettons parfaitement qu'on puisse obtenir de très-belles épreuves sur des planches préparées sans polissage à l'huile et sans chauffage ; nous irons même plus loin, et nous admettrions au besoin la suppression de la presque totalité des acidulages ; mais dans ce cas il faut admettre aussi que les planches sont dans des conditions autres que celles que l'on vend dans le commerce.

Ainsi nous concevons que si l'on vendait des planches parfaitemens polies, soit par les mains des polisseuses, soit par un laminage ou un planage parfait, il suffirait d'aciduler, de dégraisser et de bien sécher ces planches en les frottant de manière à obtenir des noirs; nous concevons aussi que si elles étaient parfaitement polies et sans corps gras, un simple acidulage suffirait pour s'assurer que les doigts n'ont pas graissé quelques places. Mais dans ce cas il faut admettre aussi que d'autres auront déjà amené les plaques, soit manuellement, soit mécaniquement, dans les conditions où nous sommes forcés aujourd'hui de les faire arriver.

La première simplification peut s'appliquer aux planches bien polies sur lesquelles on n'a qu'à effacer une image mal réussie; car l'on conçoit l'inutilité de graisser avec de l'huile une planche pour avoir un instant plus tard la peine de la dégraisser.

Cependant, lorsqu'une plaque résiste au décapage, au lieu de la fatiguer par des acidulages consécutifs, il est plus convenable et plus expéditif, même en compliquant l'opération, de mettre de suite la plaque dans une condition égale de graisse en la frottant avec de l'huile. Le dégraissage devient alors plus facile sans risquer de détériorer la planche.

De l'iode.

Un des plus grands services rendus à l'art photographique depuis sa publication, c'est sans contredit la simplification apportée à l'appareil de l'iode, en remplaçant la transmission de ses vapeurs directes par un nouveau moyen d'ioder, soit avec des planchettes de bois blanc ou des cartons saturés d'iode. Avant cette amélioration, il fallait dans l'arrière-saison souvent trois quarts d'heure pour ioder inégalement une plaque, qu'on iode aujourd'hui très-également en trois ou quatre minutes, même avec une température un peu froide.

Formation des images par le mercure.

Le besoin qui s'était fait ressentir de rendre plus portatifs les appareils photographiques, et qui a déjà amené de grands perfectionnemens pour l'appareil à l'iode, fait marcher à grands pas vers d'autres améliorations importantes pour les vapeurs de mercure. Plusieurs expérimentateurs regardent même la question comme entièrement résolue, et, supprimant le mercure liquide et le thermomètre, ils placent sur une petite rondelle d'argent du mercure réduit à l'état pâteux par amalgame avec d'autres métaux, chauffent par-dessous, et jugent à la simple vue quand l'image est suffisamment formée.

Loin de nous la pensée de douter de l'efficacité de ce moyen qui, perfectionné, amènera probablement un appareil plus portatif, en évitant les taches formées par les gouttelettes de mercure; nous croyons seulement qu'il laisse encore quelque chose à désirer, et qu'il est important d'y introduire quelques petites améliorations pour remédier aux inconvéniens résultant de la suppression du thermomètre et de l'évaporation du mercure par une trop petite surface

Dans l'ancien système, le mercure s'évaporait d'une surface de près de 8 centimètres de diamètre, tandis qu'aujourd'hui ses vapeurs ne partent que d'une surface de tout au plus 8 millimètres, ou le centième de la superficie ancienne, ce qui forme une concentration de vapeur au contre de la plaque, ainsi qu'on peut le reconnaître en rapprochant un peu plus la plaque du point de départ.

Cet inconvénient disparaît et la vapeur du mercure se répartit bien mieux, si, au lieu d'un seul point d'amalgame mis au milieu, l'on en place quatre sur les angles d'une plaque d'argent ayant en petit la forme du tiers de la projection de la plaque inclinée, et si l'on chauffe seulement le milieu de cette plaque afin de répartir également la chaleur vers les quatre angles.

Quant au temps nécessaire pour laisser l'image exposée à la vapeur du mercure (à moins qu'on opère avec des circonstances d'humidité et de froid, qui nécessitent quelquefois de réchauffer le mercure pour avoir une image telle que telle), nous ne pensons pas que la vue seule puisse remplacer le thermomètre.

Toutes les expériences faites jusqu'à ce jour ont démontré au contraire qu'il fallait cesser de chauffer le mercure longtemps avant que l'image ne paraisse, puisqu'il faut éteindre la lampe un peu avant le plus fort de l'évaporation, 65 degrés ; que le thermomètre continue à monter jusqu'à 70 ou 72 degrés, et que l'image ne commence à paraître qu'à 60 ou 55 degrés.

Cette limite de 65 degrés n'ayant été obtenue que par nombre d'expériences dont les résultats sont aujourd'hui sans but par la suppression du thermomètre, il faut donc en faire de nouvelles pour fixer, au moyen du temps, l'époque où il faudra cesser de chauffer.

A défaut de ces précautions, et pour opérer à la simple vue, nous croyons indispensable de chauffer avec précaution le mercure, et de cesser sitôt que l'image commence à peine à paraître : autrement, l'on risquerait d'avoir des images trop forcées en mercure

Conclusion.

Le nouveau système pour l'émission des vapeurs de mercure semble en très-bonne route; mais, à part l'avantage du transport, il est douteux qu'il ait encore atteint le point de perfection de l'ancien système, qui est parfait pour la distribution des vapeurs du mercure et les moyens d'apprécier le moment où il faut cesser de chauffer.

Du lavage.

Le mercure étant combiné aux places qu'il doit occuper, l'action de la lumière sur l'iode n'offre plus de danger, quant à la répartition du mercure; cependant je pense qu'un lavage prompt et parfait, commencé dans l'obscurité, est préférable à celui qui n'a lieu qu'après avoir laissé passer l'iode au ton violet en l'exposant à la lumière.

Les épreuves avec des tons régulièrement jaunes, et qui produisent l'effet de gravures tirées sur papier de Chine, résultent d'un désiodage imparfait, obtenu au moyen d'un lavage dont on n'a pas laissé terminer l'effet.

Dans ces lavages imparfaits, la lumière semble ne

pouvoir plus nuire à l'épreuve qu'en fonçant l'iode conservé pour avoir une teinte jaune; mais l'influence de ce corps étranger, superposé sur les blancs de l'image, pouvant présenter le danger d'en ternir l'éclat, j'ai préféré jusqu'ici, quand je le pouvais, faire des lavages immédiats et parfaits. L'hyposulfite de soude, ou le sel marin, sont également bons pour les lavages. Dans les deux cas, je regarde comme très important d'employer, pour le dernier lavage, l'eau très-chaude, même bouillante; dans cette condition, elle enlève plus facilement le peu d'iode qui pourrait rester sur l'épreuve, et la planche ainsi échauffée se ressuie à l'instant même.

A la campagne, où l'on ne trouve pas d'eau distillée, il est facile de recueillir de l'eau de pluie, qui remplit le même but quand elle est pure, en attachant par les quatre angles un morceau de calicot propre, pas trop tendu, avec un vase au centre par-dessous.

Si dans la bassine où l'on met l'eau distillée, et dans celle où l'on met l'hyposulfite, il se forme un dépôt, il est probable que la planche n'aura pas bien été essuyée par derrière et sur ses épaisseurs; c'est un soin qu'il faut avoir, car cette poussière de tripoli ou de ponce fait des taches sur les épreuves.

Lorsque l'on a laissé un peu de poussière de tripoli ou de ponce sur le dessus de la plaque, ces petits corps interposés entre l'argent et les vapeurs de l'iode, empêchant dans les points qu'ils occupent la formation de l'iodure d'argent, et par suite de l'amalgame du mercure avec l'argent, forment, après le lavage, ces petits pointillés noirs, qui ne sont autre chose que la surface de la plaque brunie restée noire, comme dans les parties qui n'ont pas été frappées de lumière.

Le même effet se produit, mais différemment, s'il tombe des grains de poussière sur la plaque, au moment où elle sort d'être iodée, ou bien s'il s'en détache du châssis à volet qui n'aurait pas été bien nettoyé. Dans ce cas, les vapeurs de l'iode ayant attaqué également la plaque, ces petits corps étrangers nuisent en empêchant la lumière d'agir aux points qu'ils occupent, et il se forme encore un pointillé noir

Du temps pendant lequel il faut laisser la plaque exposée dans la chambre noire.

Il est extrêmement difficile, et presque impossible, d'établir des données fixes sur la durée du temps de l'exposition de la plaque dans la chambre noire.

Cette difficulté résulte de nombre de circonstances qui viennent se combiner avec les variations de température et de saisons.

Les bases les plus généralement adoptées à Paris sont celles-ci :

PLEIN SOLEIL.	EN ÉTÉ.	EN HIVER.
Matières blanches,	4 ½, 5, 6 minutes	8, 9, 10 minutes.
Idem colorées,	8, 9, 10, 11 *id*	12, 15 et 17 *id*
LUMIÈRE DIFFUSE		
Matières blanches,	12, 15, 18 *id.*	25, 30, 40 *id.*
Idem colorées,	20, 25, 30 *id.*	40, 50, 60 *id.*

Et ce dernier terme n'est souvent pas suffisant.

Ce grand nombre de chiffres, qui paraît exagéré, doit effrayer l'opérateur qui commence; l'on ne pouvait cependant en mettre moins, et peut-être eût-il fallu en mettre davantage. On sent, en effet. qu'il y a des intermédiaires des durées de temps indiquées ci-dessus, pour les mois du printemps et de l'automne. et qu'il faut établir aussi une proportionnelle pour les pays méridionaux, où il faut moitié moins de temps Qu'on ajoute la différence de sensibilité des objectifs, les retards résultant d'une planche fortement iodée, du passage d'un nuage. etc , et l'on verra que l'on ne peut donner que des indications, et non des durées de temps précises pour tous les cas. Il est, au surplus, un moyen bien simple de se rendre compte de cette durée de temps, c'est de copier un ornement de sculpture régulier, en fermant un des volets de la chambre noire avant l'autre.

Lorsqu'une épreuve n'a pas eu le temps de s'achever, les blancs n'ont pas atteint leur plus grande intensité, les détails ne sont pas faits dans la demi-teinte, et s'il s'agit d'un monument ou d'un paysage se détachant sur un ciel lumineux, les contours du monument sont bordés d'un petit liseré blanc.

Lorsqu'au contraire la plaque est restée exposée plus de temps qu'il ne fallait aux rayons transmis dans la chambre noire par l'objectif, les blancs perdent de leur éclat, les images sont molles et sans effet. et les contours sont indécis.

En reproduisant, comme ci-dessus. un monument coloré ou un paysage se détachant sur le ciel, non-seulement les blancs perdent de leur intensité, mais il arrive souvent que le ciel et les plus vives lumières passent à un ton bleu foncé.

L'on ne peut fixer la durée du temps nécessaire pour

certaines vues composées en partie d'objets très-blancs et en partie d'objets colorés exposés en plein soleil, car le dessin aurait une place bien faite, et l'autre inachevée, si l'on adoptait la durée nécessaire pour le blanc; une place bien faite et l'autre déjà passée. si l'on adoptait le temps nécessaire pour la partie colorée; et enfin rien de bien, si on choisissait un terme moyen

Ces vues se trouvent classées dans une catégorie spéciale de durée de temps, et ne peuvent être faites qu'avec une disposition particulière de la lumière.

Il ne faut pas oublier que la condition d'immobilité de la chambre noire pendant qu'elle opère, et par conséquent de la stabilité du pied sur lequel elle repose, est de la dernière importance pour la netteté des images : sans cette condition, le vent seul produit un frémissement qui met l'image dans la même confusion que si la plaque n'était pas au foyer ou qu'on opérât sur un objet en mouvement

Avec une chambre noire solidement fixée sur le pont d'un bâtiment en marche, on peut, malgré le mouvement, reproduire avec exactitude les détails si compliqués des agrès et de la mâture

C'est ainsi que M Goupil, élève de M. Horace Vernet, qui accompagnait cet artiste dans son voyage d'Orient, est parvenu, dans la traversée de Smyrne à Malte, sur le navire français *le Ramsès*, à faire, un peu avant midi, une vue du pont dans laquelle se trouvent quatre portraits en pied, *dont deux d'une réussite parfaite.*

Des couleurs et de leurs effets sur les images photographiques.

Les images qui apparaissent dans la chambre noire sur une feuille de papier blanc offrent tant d'attraits, que l'on conçoit l'espoir et le désir vif que tout le monde a manifesté de pouvoir les fixer à toujours. Malheureusement jusqu'ici l'on n'a obtenu que des résultats très-imparfaits, et il est à craindre que l'époque de la réussite, si elle doit avoir lieu, ne soit encore très-éloignée. Il serait en effet hasardeux de fonder des espérances sérieuses pour la reproduction des couleurs, sur les simples tons variés obtenus jusqu'ici par divers opérateurs

Comme tout autre, j'ai obtenu mes tons variés ; mais, loin de prendre l'affaire au sérieux, je ne puis m'empêcher de rire en songeant aux complimens flatteurs que j'ai reçus pour une certaine épreuve où un monument d'un ton roux, chaud, se détachait sur un ciel d'un beau bleu.

Dans cette épreuve, le ciel était bleu, tandis que dans la nature il était couvert ; mais le ciel lumineux ayant été terminé longtemps avant le monument, qui avait un ton gris et non roux, était passé du blanc au bleu par une trop grande exposition à la lumière, et ne représentait, par conséquent, pas les couleurs de la nature

Une étude des couleurs, plus positive et applicable de suite à la photographie dans son état actuel, nous semble indispensable pour ceux qui veulent s'occuper sérieusement des dessins monochromes.

Cette étude est d'autant plus importante à faire, que l'instrument ne rend pas nos sensations pour les valeurs relatives des couleurs entre elles ; puisqu'un rouge vif, un vert ou un jaune clair, qui nous ont toujours paru des couleurs brillantes. prennent des tons foncés dans les images photographiques.

La reproduction des couleurs du spectre solaire est une des meilleures études à faire ; mais comme il devient difficile et embarrassant de refaire continuellement l'opération pour avoir sous les yeux les couleurs naturelles du spectre solaire en comparaison avec l'image obtenue, il nous a paru plus simple et plus commode de copier un tableau sur lequel les couleurs les plus saillantes ont été dégradées, afin d'avoir toutes les nuances, depuis le plus foncé jusqu'au plus clair

La différence entre la production de nos sensations pour les couleurs. et leur reproduction par le daguerréotype, est si marquée, qu'un jour, en voulant introduire un ton clair dans une composition, et ayant jeté à cet effet un foulard d'un jaune clair tellement passé par les lavages, que le jaune se confondait presque avec des petits ronds blancs qui en mouchetaient le fond, que loin d'avoir un ton clair pour le jaune, j'eus un ton très-foncé, tandis que les ronds blancs, qui se confondaient dans la nature avec le jaune, étaient ce qu'il y avait de plus clair dans l'épreuve.

Il faut donc, quant à présent, adopter l'instrument tel qu'il est, et tâcher de racheter ces incidens par des compensations.

Peu de personnes ayant à leur disposition des collections d'armures en fer, de vases en bronze, de chapiteaux en pierre ou en marbre, des sculptures en bois. etc., elles pourront, avec de simples plâtres teints, se procurer à peu de frais les trésors de nos musées. C'est ainsi que, pour ma part, j'ai converti en matières précieuses de vrais plâtras, en les barbouillant seulement avec de l'eau teintée, car il n'est pas nécessaire de teindre l'objet que l'on veut copier avec le ton exact qu'il aurait dans la nature : il suffit seulement de lui appliquer une couleur ayant une valeur relative à celle que l'on veut représenter. L'on peut, par exemple, employer indifféremment le vert ou le rouge pour avoir les mêmes valeurs de tons dans l'épreuve

Du redressement des images.

Il est important de disposer les chambres noires de manière à pouvoir y adapter au besoin un miroir parallèle pour redresser les images, et spécialement pour les points de vue connus de tout le monde. Il suffit, pour se convaincre de cette nécessité, d'écouter un instant, devant l'exposition des opticiens, les observations du public dérouté, en trouvant les Tuileries sur la rive gauche, et les Quatre-Nations sur la rive droite de la Seine.

Le redressement tendant toujours à diminuer la netteté des images, et entravant la célérité de l'opération, ne doit être employé que par un temps lumineux et pour des vues pittoresques ; mais lorsqu'il s'agira d'épreuves destinées à des publications ou des ouvrages de science, l'inversion des images, bien loin d'avoir aucun inconvénient, n'est que favorable aux graveurs, et conserve aux images toute leur pureté.

De la distribution des noirs et des blancs.

Connaissant les moyens d'obtenir les noirs et les blancs par la préparation des planches, il ne s'agit plus que de les rendre en apparence plus intenses, et de bien les distribuer, ce qui n'est pas toujours facile pour les vues extérieures. Cette difficulté résulte, pour les objets exposés en plein soleil, de ce que les parties exposées dans l'ombre ne pouvant s'obtenir qu'en 20, 30 et quelquefois 60 minutes, et de ce que les parties éclairées étant terminées en 5, 6 ou 7 minutes, l'on est obligé d'avoir des ombres sans détails, puisqu'il faut fermer la chambre noire au bout de ces 5, 6 ou 7 minutes, pour que les blancs ne se détruisent pas. Ce fait reconnu, il devient facile de réussir en plein soleil en 5, 6 et 7 minutes pour les objets plats ou à ombres courtes, tels que les façades sans saillies, bas-reliefs, copies de gravures et dessins, etc.

Mais pour ceux à ombres larges, il ne faut les attaquer que par un temps nuageux, avec des éclaircies, et si vous avez le bonheur d'avoir (suivant la température) 5, 6 ou 7 minutes de soleil pendant une durée d'opération de 20, 25, 30 ou 35 minutes, vous aurez un dessin éclairé au soleil très-harmonieux, et avec tous les détails dans les ombres ; les détails ayant eu le temps de se former à la lumière diffuse, les 5, 6 ou 7 minutes de soleil redonnent les touches blanches nécessaires pour terminer l'épreuve. Le moment où la lumière reflète bien les ombres est aussi une occasion très-importante à saisir.

Ces principes sont encore plus faciles à appliquer dans

les dessins d'ajustemens que je me garderai bien d'appeler des vues d'intérieur ; car la simple interposition d'un verre entre la lumière naturelle et l'objet qu'elle éclaire rend impossible la reproduction des objets dans la demi-teinte. Les compositions doivent donc être disposées dans un atelier sans clôture, pour les côtés d'où arrive la lumière, et placées autant que possible sur un chevalet tournant, afin de pouvoir choisir le mode d'éclairage le plus convenable En exposant ces objets entièrement à l'extérieur, souvent il arrive que la lumière du soleil, combinée avec celle d'un ciel bleu très-lumineux, détruit une partie des modelés : il est donc préférable, pour les objets portatifs que l'on veut copier avec de beaux modelés et des effets piquans, de ne faire arriver la lumière que d'un seul côté.

Les cristaux unis ou taillés, les vases en verre ou en cristal, à moitié remplis d'eau ou de liquides colorés, l'eau tranquille, employée comme mirage, les objets d'art en bronze, or ou argent, ceux d'un noir ou d'un rouge très-foncés, mais vernis ou polis, comme les vases étrusques, sont on ne peut plus favorables dans ce cas, par les contrastes qu'ils introduisent, et par les jeux de réfraction de lumière résultant des surfaces polies ou vernies, du mirage de l'eau et des liquides et du scintillement des cristaux.

Les sujets composés entièrement de plâtras ou de draperies blanches sont plus faciles à faire, mais ils deviennent monotones, souvent sans modelés et sans effets : il vaut donc mieux, dans certains cas, introduire des objets plus ou moins teintés, et obtenir ainsi, par contraste et en resserrant la lumière, des noirs et des blancs plus intenses.

La lumière naturellement diffuse avec écho de lumière vive, n'ayant pas toujours lieu pour les éclairages comme on le désire, il m'est souvent arrivé, par un temps nuageux, lorsque le soleil paraissait plus que je n'en n'avais besoin, d'empêcher momentanément l'action de la lumière, en couvrant, jusqu'à ce que le nuage fût arrivé, l'objectif avec son diaphragme rendu bien mobile, ou pour plus de précaution avec mon mouchoir.

L'on obtient aussi de très-jolis effets lorsque, pendant l'opération entière, le soleil, légèrement voilé soit par des nuages, soit par des brouillards qu'il traverse, a encore assez de force pour établir des ombres. Dans ce cas, les lumières n'étant pas trop vives, l'opération peut durer plus longtemps, et les détails dans l'ombre ont le temps de se faire.

Le hasard m'a fourni aussi des moyens d'introduire des effets de lumière très-piquans que je n'aurais jamais pu imaginer. Je veux parler d'une ombre vague et légère qui concentrait la lumière sur un certain point de composition, quoique la totalité fût éclairée en plein soleil ; elle provenait de l'extrémité d'une branche très-légère, dépouillée de ses feuilles, et interposée entre le soleil et l'objet qu'il éclairait.

Il était impossible d'apercevoir sur la composition la moindre trace de forme d'ombre ni même de différence de lumière résultant de l'interposition de ce corps léger à plus de 45 mètres de distance, et cependant cet effet était très-sensible dans l'épreuve qui a été recommencée quatre jours de suite à la même heure et toujours de même.

J'ai reconnu qu'avec des filets ou des toiles métalliques plus ou moins éloignés et avec mailles plus ou moins serrées, il devenait facile de tamiser la lumière et d'obtenir mécaniquement l'effet passager des voiles naturels dont nous avons plus haut signalé l'avantage.

J'abandonnai mes essais avec le verre, le papier huilé et la gaze, parce que la lumière agissait trop difficilement sous leur voile général, ou accusait la forme de l'*obscurceur* lorsqu'il était seulement partiel, tandis qu'avec un filet ou une toile métallique j'ai l'avantage :

1° De laisser pénétrer les rayons directs du soleil, auxquels je donne plus ou moins d'intensité par la grandeur des mailles et l'éloignement ;

2° De ne laisser aucune trace apparente des *obscurceurs* partiels tracés, que l'on atténuerait autant que l'on voudrait en tenant les mailles des extrémités plus larges ;

3° Enfin, de ne pas craindre, comme pour les draperies de la composition, l'action du vent sur l'*obscurceur*, puisque toute agitation, loin de nuire, dans ce cas, est si favorable, qu'en la produisant, soit manuellement, soit mécaniquement, l'on peut tenir l'*obscurceur* moins éloigné.

Pour agir comme dans les circonstances d'un temps voilé par des nuages avec écho de lumière, il faut, par un beau soleil, employer une gaze très-fine, mais cependant avec des fils assez écartés pour laisser pénétrer un peu de lumière directe du soleil; et quand l'opération est presque finie pour les parties dans l'ombre, on enlève le châssis, et on laisse le soleil redonner les touches blanches où elles sont nécessaires.

Mais pour agir comme dans les circonstances d'un soleil légèrement voilé par un temps vaporeux, ayant cependant encore assez de force pour accuser suffisamment les ombres, une gaze à mailles plus grandes est ce qu'il faut employer; alors l'opération se termine sans qu'il soit besoin d'enlever le châssis où est attachée la gaze

Des planches de plaqué et de leur choix.

Si le plaqué était bon et l'argent pur, le titre aurait peu d'importance; car il serait rare de manquer deux ou trois épreuves sur une bonne planche, même au quatre-vingtième.

Presque toutes les planches brutes, en sortant des mains du planeur, ont une belle apparence, mais malheureusement un grand nombre ne résistent pas à l'épreuve du polissage et surtout de l'acidulage.

C'est alors qu'on voit apparaître les fissures mettant à découvert le cuivre, que le fond noir se mouchète de taches blanches par défaut d'homogénéité de l'argent, ou par les crasses qui y sont engagées, et qui, en se détachant, forment de petits trous, desquels il est très-difficile de déloger les cambouis qui y ont pénétré lors du polissage à l'huile.

Quand de pareils défauts se présentent et même lorsqu'une ou plusieurs rayures profondes ont sillonné votre plaque, ce serait une folie de persévérer à tâcher de la polir, l'on n'y parviendrait pas; il faut mettre au rebut les plaques qui ont des fissures trop marquées, et renvoyer les autres au planeur qui doit les chauffer au rouge presque blanc et les replaner, jusqu'à ce que les renfoncemens formant des pointillés disparaissent.

L'on peut faire disparaître les simples rayures sous le marteau, en rapprochant l'argent au moyen de la pierre dure dite rouge dont se servent les brunisseuses. Cet instrument, employé avec l'eau de savon ou de l'huile et en frottant très-légèrement, donne un bruni très-beau et des noirs très-intenses à l'argent ; mais l'incertitude où l'on est d'amener la planche à bien doit faire renoncer à ce moyen. Il arrive, en effet, dans presque tous les brunissages, de rencontrer de petits corps durs engagés dans l'argent, et qui, arrachés et traînés par le brunissoir, sous lequel ils restent engagés, forment de profonds sillons, que l'on ne peut plus faire disparaître que par le martelage.

En résumé, les conditions d'une bonne planche sont : homogénéité et pureté de l'argent, un travail égal sans traces prononcées du martelage, point de fissures laissant entrevoir le cuivre, point de rayures profondes, et enfin un planage parfait. Lorsque toutes ces conditions se présentent à la vue, on ne peut cependant en être certain qu'après les avoir éprouvées avec l'eau acidulée.

Du choix et de la préparation du tripoli.

Le tripoli en morceaux doit être d'une teinte jaune et claire, doux au toucher, sans être trop savonneux.

Pour éviter des pertes de temps, l'on doit rejeter celui qui contient intérieurement trop de corps étrangers, ce qu'il est facile de vérifier en concassant quelques morceaux.

Lorsqu'il a été pulvérisé avec la molette, l'on met la poudre dans un creuset que l'on chauffe fortement, mais sans aller jusqu'au rouge.

On passe la poudre dans un tamis fin en soie, afin d'ôter les parcelles qui auraient pu se durcir par la calcination. L'on broie de nouveau cette poudre, que l'on délaie en-suite avec de l'eau dans un vase, en l'agitant fortement de manière à former une teinte épaisse.

On laisse reposer un instant, afin que les parties les plus grosses se déposent au fond, puis on transvide dans un autre vase, en ayant soin de pas remuer le dépôt. Au bout de quelques heures, toutes les parties fines sont dé-posées au fond de l'eau, l'on retire l'eau qui est claire, et l'on fait évaporer par un chauffage le surplus que con-tient le dépôt qui est en pâte.

Le tripoli préparé ainsi, n'ayant pas été calciné en chauffant jusqu'au rouge blanc, est doux et très-conve-nable pour le polissage; mais pour terminer et sécher les planches, nous avons cru reconnaître qu'il fallait calciner de nouveau et plus fortement cette poudre fine dans une capsule de porcelaine, pour éviter les corps durs qui pourraient se détacher d'un creuset ordinaire.

Ce surplus de calcination, qui donne à la poudre de tri-poli cette condition de sécheresse qui nous a paru si favo-rable dans la matière volcanique de la ponce pour ôter l'excès d'acidulage, bien sécher la planche et obtenir de beaux blancs, aurait rendu le broyage plus difficile, s'il eût eu lieu avant la pulvérisation, puisque le tripoli de-vient plus dur par la calcination.

Du coton.

Le coton doit être choisi le plus fin possible, doux au toucher et bien nettoyé ; servant à essuyer les planches, il faut éviter surtout qu'il soit gras et contienne des corps étrangers capables de rayer.

De l'acide.

L'acide du commerce pèse 60 degrés, c'est celui qu'il faut employer avec 16 parties d'eau distillée ; celui concentré pèse 40 degrés, et serait fort pour cette proportion de mélange.

Observations.

1° J'ai dit « que la lumière et la chaleur étaient les premiers élémens de réussite » ; j'aurais dû ajouter que la chaleur devient nuisible avec trop de sécheresse

Les images, comme l'a remarqué M. Daguerre, se font plus facilement pendant les heures du matin ; c'est le moment où, par un beau temps, l'air encore humide est tellement pur, que les points les plus éloignés de l'horizon se découvrent avec netteté ; tandis qu'ils restent voilés par les vapeurs ou la poussière qui s'élèvent de la terre pendant les heures du soir

Règle générale, à moins d'un froid trop intense, elles se font supérieurement lorsque les parties les plus éloignées de l'horizon apparaissent distinctement à l'œil ; elles réussissent aussi presque toujours sur les bords de la mer, à la fin des orages et pendant les pluies intermittentes, où l'atmosphère n'est pas trop humide. Elles se font moins aisément par un temps trop sec : ainsi sur le sable brûlant de l'Égypte, il a fallu quinze minutes pour faire les pyramides ; tandis qu'à Alexandrie, qui est sur le bord de la mer, il ne fallait que deux minutes et demie. Cette dernière vue, que M. Goupil faisait devant le pacha d'Égypte Méhémet-Ali, le 7 novembre 1839, à dix heures et demie du matin, par un ciel parfaitement pur, représente le harem, dont les murs sont blancs et les toits rouges. Les plus belles réussites des épreuves faites en Égypte par cet artiste ont presque toujours lieu dans les copies de statues colossales en granit ou de mouumens colorés ; mais pour les vues de villes, dont les monumens et les maisons sont blancs, le contraste du blanc se détachant vivement dans la nature sur un fond bleu très-intense, disparaît, parce que les bâtimens blancs se font presque aussi vite que le ciel qui est très-lumineux, et l'épreuve devient non-seulement monotone, mais est privée de son caractère et de la teinte locale du pays. Il en est de même pour certains effets de neige. Ainsi, dans une vue de Damas, le mont Liban, qui servait de fond, se détachait dans la nature en blanc pur sur un ciel très-bleu, parce qu'il était couvert de neige ; tandis que dans l'épreuve, les tons de la neige et du ciel bleu, ayant agi avec la même intensité de lumière, étaient presque confondus.

2° Les opérations photographiques sont tellement délicates et compliquées d'incidens imprévus, qu'il nous a paru impossible de faire de suite deux dessins exactement pareils.

Ainsi, avec une méthode quelconque suivie exactement, l'on peut faire mieux ou plus mal, mais probablement jamais de même, comme l'on peut en juger par nombre d'expériences, et comme semble le démontrer le calcul des probabilités, résultant de la nature des plaques, du poli, de l'acidulage, de l'iodage, de la température, de la lumière, de la propreté, etc., etc., et même du tour de main de l'opérateur.

Ici où tout est délicat, l'influence du tour de main paraîtra moins extraordinaire à ceux qui ont remarqué que deux bons ouvriers imprimeurs en taille-douce ne peuvent presque jamais tirer deux épreuves pareilles, quoiqu'en se servant de la même planche, et spécialement quand il s'agit d'aqua-tinta.

Aussi, ne voulant pas être classé dans la catégorie de ce grand nombre de chasseurs qui, à les entendre, ne manquent jamais une pièce de gibier, je mettrai plus de bonne foi en disant que la réussite d'une très-belle épreuve est toujours chanceuse, et que, pour mon compte, je serais très-heureux si j'étais certain de bien réussir une fois sur deux.

PROCÉDÉ DE GRAVURE

DES IMAGES PHOTOGÉNIQUES SUR PLAQUÉ D'ARGENT,

PAR LE DOCTEUR AL. DONNÉ.

Mémoire lu à l'Académie des Sciences, le

———

C'est en m'occupant de recherches relatives aux différentes opérations du daguerréotype, qu'après m'être bien
rendu compte de ce qui se passe dans chacune de ces opérations, et surtout du résultat final, que l'idée me vint de
transformer l'image obtenue sur les plaques d'argent en
planches gravées, de manière à multiplier les épreuves
de ces images par les procédés ordinaires de l'impression
en taille-douce.

Après m'être assuré, 1º que la couche jaune produite
à la surface de l'argent par la vapeur de l'iode était bien
réellement formée d'iodure d'argent; 2º que la lumière,
ou plutôt que les rayons chimiques qui l'accompagnent,
agissaient sur cette couche en modifiant son adhérence
avec l'argent, de telle sorte que cette adhérence se trouvait plus ou moins diminuée, suivant l'action plus ou
moins vive de la lumière sur les divers points de la couche
d'iodure; 3º que la vapeur mercurielle à laquelle on expose la plaque en sortant de la chambre noire, venant

toucher l'argent dans tous les points qui n'étaient plus garantis par la couche adhérente d'iodure, s'amalgamait avec lui et déterminait ainsi l'apparition de l'image[1]; 4° qu'une fois cette action produite, la couche d'iodure ayant servi comme d'un voile momentané qui aurait été transpercé seulement dans les parties frappées par la lumière, était dissoute et enlevée par la solution d'hyposulfite de soude et les lavages à l'eau; 5° qu'en définitive l'image daguerrienne résultait d'un amalgame plus ou moins condensé de mercure et d'argent formant les parties claires et les demi-teintes, et de surfaces nues produisant les ombres, à la manière des glaces qui réfléchissent du noir; ayant ainsi été assez heureux pour donner, peu de temps après la publication de la belle découverte de M. Daguerre, une théorie rationnelle et fondée sur l'expérience des différentes opérations de ce mystérieux phénomène, j'ai pensé qu'il serait possible de trouver quelque agent chimique propre à attaquer les parties nues de l'argent, en ménageant les parties claires formées par l'amalgame de ce métal avec le mercure

Sans insister davantage ici sur la théorie que je viens de rappeler, et sans entrer dans des détails à ce sujet qui trouveront leur place ailleurs, il me suffira de dire que j'ai eu la satisfaction de voir ma théorie appuyée par les autorités scientifiques les plus compétentes en pareille

[1] On a objecté à ce point de ma théorie, que la vapeur de mercure ne se condense pas en aussi grande quantité sur une plaque d'argent tout à fait nue, que lorsqu'elle est iodurée; cela est vrai et doit arriver, l'iodure détruisant le poli de l'argent et donnant à sa surface un grenu qui facilite l'amalgame, peut-être aussi la présence de l'iodure lui-même est-elle favorable à l'action du mercure sur l'argent.

matière, parmi lesquelles je citerai M. Dumas et M. Melloni, qui n'a pas hésité à l'adopter dans son rapport à l'Académie des Sciences de Naples sur le daguerréotype.

Comme il n'a pas été porté jusqu'ici de jugement officiel en France sur cette théorie, on me pardonnera de citer l'opinion et les paroles mêmes du rapport de M. Melloni sur ce sujet : « En présence d'une série d'opérations si originales, dit-il, et liées par des nœuds si étrangers à toute induction méthodique, la science est restée pendant quelque temps étonnée et silencieuse ; mais les recherches expérimentales de M. Donné ont fourni enfin les élémens nécessaires à une claire intelligence des actions que la vapeur d'iode, la lumière, la vapeur mercurielle, l'hyposulfite de soude et l'eau, exercent successivement sur la plaque métallique » ; et, après avoir décrit minutieusement la théorie, le célèbre physicien termine ainsi : « Concluons, d'après cela, que les observations microscopiques, l'analogie existant entre les composés du chlore et de l'iode, l'action décomposante de la lumière sur le chlorure d'argent, les attractions moléculaires et les lois de la réflexion, s'accordent toutes pour confirmer la théorie de M. Donné, laquelle, si elle n'est pas jusqu'ici rigoureusement prouvée par l'analyse, offre cependant tous les caractères d'un excellent raisonnement d'induction, et se montre bien digne d'être honorablement inscrite dans les annales de la science. »

Le premier soin à prendre pour l'application du procédé de gravure, est le choix des plaques.

Il est d'abord nécessaire que la feuille d'argent, dont le cuivre est doublé, ne soit pas trop mince; cette condition n'est généralement pas remplie dans les plaques telles qu'on les trouve aujourd'hui dans le commerce, mais dans l'origine, lorsqu'on n'avait pas encore visé au meilleur marché possible, celles que l'on vendait chez M. Giroux et chez M. Gandais offraient une suffisante épaisseur de l'argent; ces plaques étaient au 30e ou même au 20e, et c'est là en effet la proportion convenable pour le succès de la gravure; cette épaisseur de la feuille d'argent étant tout à fait inutile pour faire les images photogéniques ordinaires les plus belles, on n'a pas tardé à diminuer la quantité de ce métal, afin de réduire le prix, et les plaques dont on se sert généralement ne sont plus qu'au 60e ou même au 80e; mais l'épaisseur du plaqué n'est pas la condition la plus difficile à remplir, puisqu'elle ne demande que d'y mettre le prix convenable.

Les plaques doivent être aussi belles et aussi pures que possible, sans fissures, sans bouillons, très-bien polies et d'un grain parfaitement homogène; or c'est cette perfection et surtout cette homogénéité du métal qui sont les plus difficiles à rencontrer, et c'est en même temps la condition indispensable pour le succès de la gravure.

Les imperfections et le défaut d'homogénéité viennent de plusieurs causes : dans le procédé du doublage du cuivre, il arrive que des fissures se produisent en certains points de la feuille d'argent; l'ouvrier, pour réparer ce défaut, réunit soigneusement les bords de cette espèce de petite plaie, et il passe à plusieurs reprises le brunissoir en ce point, pour rétablir autant que possible l'adhérence des deux métaux et faire disparaître la solution de continuité; le planage et le polissage achèvent ensuite de rendre la surface parfaitement uniforme en apparence, mais les points fortement comprimés par le brunissoir n'en restent pas moins beaucoup plus serrés et plus denses que le reste, et le mordant ne pouvant les attaquer que difficilement, ils forment autant de taches dans le tableau et sur l'épreuve.

Il paraît impossible d'éviter cet inconvénient en se servant de plaques de cuivre doublées d'argent, autrement qu'en choisissant les parties où ces défauts n'existent pas, où il ne s'est produit aucune fissure, et faisant tailler les plaques que l'on veut employer dans ces parties intactes. Le fabricant de plaqué le plus habile ne peut pas, en effet, répondre d'éviter toute espèce de fissure en passant ses feuilles au laminoir; c'est du moins ce que m'a toujours assuré M. Gandais, auquel je me suis surtout adressé pour mes essais, et qui a mis beaucoup de complaisance et de soin dans la confection des nombreuses plaques qu'il m'a fournies.

Ce défaut peut être beaucoup plus facilement évité, comme on le conçoit, en opérant avec des plaques entièrement composées d'argent; je reviendrai tout à l'heure sur ce point.

Mais, soit que l'on opère sur du plaqué au 30e, au 20e ou au 10e, soit que l'on ait recours à des plaques d'argent pur, la tendance qu'a ce métal à cristalliser présente un autre obstacle fatal à la gravure, et non moins difficile à éluder. Il est assez rare de rencontrer des plaques d'argent qui n'aient pas à leur surface des bandes plus ou moins étendues, plus ou moins irrégulières, où le métal offre un grain cristallin à côté d'autres parties non cristallisées ; de là une nouvelle cause d'hétérogénéité, qui ne permet pas au mordant d'agir régulièrement et uniformément sur tous les points à la fois ; et ce qu'il y a de plus fâcheux, c'est que cette circonstance ne peut être reconnue préalablement, et qu'elle ne se manifeste que par l'action même destinée à produire la gravure ; les parties cristallisées ne sont mises à découvert, comme dans l'opération du moiré métallique, que par la dissolution, au moyen d'un agent chimique, de la couche la plus superficielle du métal.

Cet inconvénient, présentant un obstacle absolu au succès de la gravure, il importe de s'en affranchir à tout prix et par tous les moyens possibles.

Les essais les plus rationnels à tenter d'abord devaient nécessairement porter sur des alliages, au moyen de quelques proportions de cuivre, de plomb surtout, ou de quelque autre métal ; mais ces essais n'ont amené aucun résultat satisfaisant ; des plaques d'argent, allié à des proportions convenables de métaux propres à diminuer sa tendance à la cristallisation, sont, il est vrai, très-bonnes pour produire des images daguerriennes d'une suffisante délicatesse ; mais je n'ai pas réussi, comme avec l'argent pur, à faire mordre un acide de manière à n'attaquer que les parties ombrées et à ménager les clairs ; le mordant attaquait au contraire également tous les points de la plaque, aussi bien ceux qui étaient recouverts d'une légère couche de mercure que les parties tout à fait dénudées, et l'image était perdue ; il a donc fallu renoncer à ce moyen après beaucoup de tentatives infructueuses, et chercher dans la préparation même de la plaque métallique de meilleures conditions; or ce qui m'a le mieux réussi, c'est le refroidissement brusque de la plaque préalablement chauffée au rouge, et un planage fait ensuite avec beaucoup de précaution; je dois mentionner ici un planeur fort habile, auquel je me suis le plus souvent adressé pour cet objet, M. Salernier, qui apporte le plus grand soin dans la préparation des plaques destinées aux opérations photogéniques.

Ayant enfin obtenu une plaque avec toutes les qualités que je viens de signaler, bien planée, bien polie, n'offrant ni raies ni bouillons, l'image doit être exécutée par les procédés ordinaires du daguerréotype, et être aussi parfaite que possible, la gravure reproduisant minutieusement tous les détails du tableau avec leurs qualités et leurs défauts.

Le lavage s'opère également de même avec la solution d'hyposulfite et l'eau, en ayant soin d'employer une solution peu concentrée de sel, afin de n'enlever que bien juste la couche d'iodure d'argent.

La plaque étant bien séchée, on recouvre les bords d'une couche de vernis des graveurs, inattaquable à l'acide nitrique, afin d'éviter tout contact du mordant avec le cuivre, et d'encadrer le dessin d'une manière régulière et agréable. Cette précaution est en outre nécessaire pour que l'imprimeur ait la facilité de nettoyer parfaitement la planche a chaque tirage, et de n'avoir pas des contours salis par l'encre grasse.

Il est temps alors de procéder à l'opération de la gravure elle-même ; le mordant à employer, le seul à l'aide duquel j'aie pu réussir, est l'acide nitrique étendu d'eau ; la plaque est disposée horizontalement au-dessus d'une cuvette, sur les bords de laquelle elle repose par ses quatre angles ; on verse à sa surface, de manière à recouvrir d'une couche de liquide assez mince toutes les parties non protégées par le vernis, de l'acide nitrique étendu dans les proportions suivantes : Trois parties d'acide nitrique *pur*, et quatre parties d'eau ; ces proportions sont de rigueur

Au bout de trois ou quatre minutes, un peu plus ou un peu moins, suivant la température, et probablement aussi suivant d'autres conditions difficiles à indiquer, l'action du mordant commence à se déclarer d'abord dans un point, par de petites bulles de gaz très-fines adhérentes à la surface métallique, qui s'étendent de proche en proche jusque sur toutes les parties de la plaque en contact avec le liquide.

Ici le point difficile à déterminer est le temps pendant lequel on doit prolonger l'action de l'acide ; il n'y a vraiment que l'habitude qui puisse servir de règle dans cette opération capitale, mais dans tous les cas l'action est très-prompte, et ne doit pas durer au delà de deux à trois minutes. On marche pendant cette opération entre deux écueils également à craindre : si on arrête trop tôt l'action du mordant, les parties noires ou ombrées ne sont pas assez profondément attaquées, et la gravure est faible ; si au contraire on laisse agir trop longtemps l'acide, les parties qui doivent être ménagées, les clairs et les demi-teintes sont elles-mêmes entamées, et l'image ayant perdu toutes ses vigueurs, viendra généralement grise et d'un ton trop uniforme. C'est pour arriver à un effet convenable et pour se tenir entre ces deux extrêmes, qu'il est bon d'appliquer un petit procédé, un petit tour de main qui m'a souvent été fort utile, afin de donner à l'acide le temps de mordre sur les parties sombres, sur les fonds, par exemple, tout en ménageant les parties claires. Il est avantageux d'écarter la couche de liquide, en soufflant avec la bouche sur les points qui paraissent suffisamment attaqués, et dans lesquels on veut conserver les lumières; par ce moyen, on arrête l'effet du mordant d'une manière graduée, pendant qu'on le laisse agir sur les parties que l'on a intérêt à creuser le plus fortement possible.

Dès que la planche est suffisamment mordue, on écoule le liquide acide dans la cuvette, on lave à grande eau. et on essuie légèrement avec un tampon de coton cardé très-fin; puis on fait un second lavage à l'esprit-de-vin pour nettoyer parfaitement la planche et pour enlever la couche de vernis, et l'opération est terminée. Il ne s'agit plus alors que de confier la planche à un imprimeur en taille-douce soigneux et habile. pour en tirer des épreuves par les procédés ordinaires. en ménageant le plus possible le métal toujours très-tendre, et dont la gravure n'est jamais, comme on le conçoit, très-profonde.

Tels sont les procédés qui m'ont permis de transformer en planches gravées les images photogéniques exécutées sur plaques d'argent, que j'ai l'honneur de mettre sous les yeux de l'Académie, et de tirer des épreuves dont le nombre est malheureusement assez borné; il ne s'est pas élevé jusqu'ici à plus de quarante, à l'aide des meilleures planches que j'ai pu produire, et entre les mains d'un imprimeur très-habile, M. Rémond.

J'ai dû, vu ce petit nombre surtout, m'occuper des moyens de report sur pierre lithographique, dont on a annoncé dans ces derniers temps de si merveilleux résultats; mais les artistes les plus habiles dans ce genre auxquels je me suis adressé ont jusqu'ici complétement échoué dans cette tentative, et MM. Dupont eux-mêmes ont été forcés d'y renoncer.

Je suis le premier à reconnaître toute l'imperfection du résultat auquel je suis parvenu, et je sens tout ce qu'il y aurait à faire encore pour le porter jusqu'où il me semble destiné à parvenir; mais j'ai dû renoncer à me livrer à ce travail, par plusieurs raisons que l'on comprendra facilement.

La première, c'est que le procédé que j'emploie demanderait, comme le procédé ordinaire de la gravure à l'eau forte, des connaissances et une habileté pratique que je ne possède nullement, et pour lesquelles il me faudrait réellement apprendre l'art du graveur, ce que ma position et mes occupations ne me permettent pas d'entreprendre; je ne suis pas graveur, je ne me suis même jamais occupé ici de gravure ni d'art, et je ne puis me faire ni graveur ni artiste; ce que j'ai appris des difficultés de la gravure à l'eau forte, dans quelques entretiens avec des artistes, m'a prouvé que cet art ne s'improvise pas, et qu'il demande une expérience très-longue à acquérir, et à laquelle il ne peut me convenir de me dévouer.

La seconde raison, que je ne veux pas dissimuler non

plus, tient aux frais de semblables expériences qui sont fort coûteuses, et qui ne pourraient être supportés jusqu'au bout qu'avec des moyens plus grands que les miens, ou en vue d'un intérêt de spéculation auquel j'ai dû renoncer.

Par ces raisons, que l'on appréciera facilement dans cette enceinte, j'ai cru plus convenable de me borner au résultat pour ainsi dire scientifique que j'ai l'honneur de soumettre à l'Académie, laissant aux hommes spéciaux, et que cela intéresse particulièrement, le soin d'appliquer le procédé que je fais connaître avec tous les avantages que donnent la connaissance de l'art et la pratique de la gravure, de profiter de mes essais pour le pousser plus loin, et d'en tirer parti

Tel qu'il est, du reste, le résultat auquel je suis arrivé n'a pas été indigne de l'approbation d'artistes très-distingués, mais ce n'est pas à moi à faire valoir ici leur opinion.

FIN.

www.ingramcontent.com/pod-product-compliance
Ingram Content Group UK Ltd.
Pitfield, Milton Keynes, MK11 3LW, UK
UKHW020932140726
13695UKWH00003B/1043